Premiere Pro

非线性编辑案例教程

倪　彤　张娅莉　主　编
黎志高　杨红艳　副主编

清华大学出版社

北京

内 容 简 介

Premiere Pro(以下简称 Pr)是 Adobe 公司开发的一款非线性编辑软件,其主要功能是视频修剪、颜色校正、音频混合、视觉特效、转场特效和色键抠像等。Pr 广泛应用于互联网、影视、广告以及个人影视后期制作工作室。

本书采用案例实战的方式全面介绍 Pr 的基本操作和综合应用技巧,全书共分为六个模块,从 Pr 基本操作到 Pr 外部插件,共计 60 个案例。本书体现了结果导向、任务驱动、讲练结合、学以致用,手把手教你实操的教学方法。60 个案例均有二维码数字资源配套,即扫即学。本书语言通俗易懂,以图说文,特别适合 Pr 新手学习,当然,有 Pr 基础的读者也可以从本书中学到大量高级功能和新增功能。

本书为了满足学生自主学习、发展专业能力及提升素质的需要,将教与学高度融合,采用基于问题、基于项目、基于案例的编写模式,既方便教师对教学内容自由组合,也方便学生自学。同时,本书可作为职业院校"1+X"新媒体编辑职业技能等级标准(初级、中级、高级)培训、数字媒体应用技术、动漫制作技术等电子信息、电子商务相关专业的"教、学、做、评"合一的融媒体一体化教材。

图书在版编目(CIP)数据

Premiere Pro 非线性编辑案例教程/倪彤,张娅莉主编.—北京:清华大学出版社,2023.6(2024.7重印)
ISBN 978-7-302-63291-7

Ⅰ. ①P… Ⅱ. ①倪… ②张… Ⅲ. ①视频编辑软件—教材 Ⅳ. ①TP317.53

中国国家版本馆 CIP 数据核字(2023)第 059320 号

责任编辑:王剑乔
封面设计:刘 键
责任校对:袁 芳
责任印制:曹婉颖

出版发行:清华大学出版社
　　　　　网　　　址:https://www.tup.com.cn,https://www.wqxuetang.com
　　　　　地　　　址:北京清华大学学研大厦 A 座　　　邮　　编:100084
　　　　　社 总 机:010-83470000　　　　　　　　　邮　　购:010-62786544
　　　　　投稿与读者服务:010-62776969,c-service@tup.tsinghua.edu.cn
　　　　　质量反馈:010-62772015,zhiliang@tup.tsinghua.edu.cn
印 装 者:三河市龙大印装有限公司
经　　销:全国新华书店
开　　本:185mm×260mm　　　　　印　张:12.75　　　　字　数:290 千字
版　　次:2023 年 8 月第 1 版　　　　　　　　　　印　次:2024 年 7 月第 2 次印刷
定　　价:49.00 元

产品编号:097396-01

　　"推进教育数字化,建设全民终身学习的学习型社会、学习型大国"是党的二十大报告所提出的明确要求。

　　本书为融媒体教材,讲授的 Premiere Pro(以下简称 Pr)是一款优秀的视频编辑软件,可与 Adobe 公司的其他软件如 Photoshop、Illustrator 和 AfterEffects 等实现无缝结合,加上 Adobe 通用操作风格、易上手和良好的人机交互等特性,深受广大用户的喜爱。

　　在数字化、可视化和融媒体已成为新型主流媒体的时代,提升师生的数字素养、加速教育数字化转型,生产更多更好的数字产品,服务数字经济、数字教育和数字社会的发展需要,具有非常重要的现实意义。

　　本书共分为六个模块,精选了 60 个案例,全面介绍 Adobe Premiere Pro 2023 的工作流程、操作基础、功能提升和外部拓展。按任务目标→任务导入→任务准备→任务实施→任务评价"五部曲"实施案例教学,注重对所学知识的练习巩固和实战技巧提升,从而使读者在视频编辑及后期制作等领域能制作出符合行业规范和要求的作品。

　　本书配套有专门的在线开放课程(扫描右侧二维码即可使用),方便读者进行自主学习和混合式学习。书中所有案例的素材文件、教学视频等均可下载使用。同时全部学习资源在书中也有二维码相对应,实现即扫即学。

模　　块	内　　容	学时	编写者
模块一　基本操作	任务一　Pr 界面及环境设置	2	倪　彤
	任务二　导入素材	2	
	任务三　新建序列	2	
	任务四　分割、分离	2	
	任务五　转场效果	2	
	任务六　添加字幕	2	
	任务七　局部变色	2	
	任务八　音量调整	2	
	任务九　解说配音	2	
	任务十　快捷键小结	2	
模块二　动画制作	任务一　制作 GIF 动画	1	杨红艳
	任务二　Pr 规范流程	1	
	任务三　帷幕拉开	1	
	任务四　拉幕片头	1	
	任务五　文字开场动画	1	
	任务六　Vlog 片头	1	
	任务七　手写字	1	
	任务八　图片轮播	2	
	任务九　倒计时	2	
	任务十　进度条	2	
	任务十一　3D 旋转开场	2	

续表

模　　块	内　　容	学时	编写者
模块二　动画制作	任务十二　跟踪蒙版	2	杨红艳
	任务十三　RGB颜色分离	2	
	任务十四　残影分离	2	
	任务十五　合体	2	
	任务十六　玻璃文字	2	
	任务十七　玻璃划过	2	
	任务十八　磨砂玻璃文字	2	
	任务十九　连续缩放	2	
	任务二十　边缘弹出	2	
	任务二十一　拍照	2	
模块三　转场制作	任务一　视频过渡	2	倪彤
	任务二　翻页转场	2	
	任务三　闪动转场	2	
	任务四　撕纸转场	2	
	任务五　堆叠转场	2	
	任务六　分屏转场	2	
	任务七　扭曲转场	2	
	任务八　VR色差转场	2	
	任务九　模糊转场	2	
	任务十　亮度键转场	2	
	任务十一　遮罩转场	2	
	任务十二　拉镜转场	2	
模块四　分屏制作	任务一　缩放分屏	2	张娅莉
	任务二　变换分屏	2	
	任务三　预设分屏	2	
	任务四　裁剪分屏	2	
	任务五　线切割分屏	2	
	任务六　蒙版分屏	2	
模块五　抠像制作	任务一　Alpha调整	2	
	任务二　亮度键	2	
	任务三　超级键	2	
	任务四　轨道遮罩键	2	
	任务五　颜色键	2	
模块六　外部插件	任务一　认识Pr插件	1	黎志高
	任务二　调色	1	
	任务三　磨皮(润肤)	1	
	任务四　降噪	1	
	任务五　运动模糊	1	
	任务六　转场	2	
总　　计		108	

　　本书由安徽理工大学倪彤教授、信阳职业技术学院张娅莉教授担任主编,安徽理工大学黎志高老师、广元中核职业技术学院杨红艳老师担任副主编。由于编者水平有限,疏漏和不妥之处在所难免,恳请广大读者提出宝贵意见。

编　者

2023年5月

目　录

模 块 一

基本操作

任务一　Pr 界面及环境设置

班级：＿＿＿＿＿姓名：＿＿＿＿＿日期：＿＿＿＿＿地点：＿＿＿＿＿学习领域：Pr 基本操作

任务目标

Pr 界面及
环境设置

1. 熟悉 Pr 界面的五大面板组成。
2. 掌握面板的定制和切换。
3. 学会"首选项"的设置。
4. 优化作业环境、提高操作效率。

任务导入

登录哔哩哔哩(简称 B 站)，感受 Pr 作品的技术和艺术之美。

任务准备

准备计算机并安装好 Pr 软件。

任务实施

步　　骤	说明或截图
1. 启动 Pr 软件，出现如图所示界面，其上一共包括五大区域："项目"面板、"工具"面板、"时间轴"面板、"节目"面板及"效果控件"面板。	

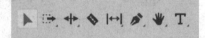

步　　骤	说明或截图
2.“项目”面板的主要作用是管理素材文件，显示素材文件的名称、缩略图、长度、大小等基本信息。	
3.“工具”面板主要用于编辑“时间轴”面板中的素材文件，部分图标下面有一个三角形标志，表示该图标下面包含了多个工具。	
4.“时间轴”面板是 Pr的重要面板之一，也是其主要工作区域，包括轨道层、时间标尺、指针（时间指示器）等。该面板可以编辑和剪辑视频、音频文件，为文件添加字幕、效果等。	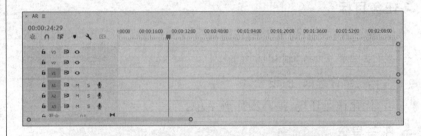
5.“节目”面板又称“节目监视器”面板，用于对序列上的素材进行预览、编辑，显示序列中当前时间点的素材剪辑效果。	
6.“效果控件”面板可用于对素材的效果参数进行设置和调整。	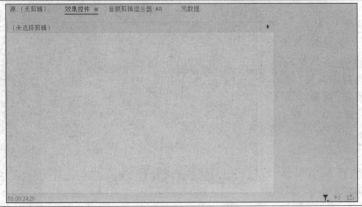

步　　骤	说明或截图
7. 执行"编辑"→"首选项"菜单命令，打开"首选项"对话框。 在此可对 Pr 的操作环境进行定制，如：静止图像默认持续时间、默认媒体缩放、自动保存时间间隔等。	 不确定的媒体时基：25.00 fps 时间码：使用媒体源 帧数：从 0 开始 默认媒体缩放：缩放为帧大小 无 缩放为帧大小 设置为帧大小 □导入时将 XMP ID 写入文… ☑将剪辑标记写入 XMP ☑启用剪辑与 XMP 元数据… ☑导入时包含字幕 □启用代理 □项目导入期间允许重复媒体 □创建用于导入项目的文件夹 □自动隐藏从属剪辑 生成文件 ☑自动刷新生成文件 □在源监视器中自动恢复生成文件的回放 刷新生成文件时间间隔　60　秒 ☑H264/HEVC硬件加速解码（需要重新启动） 　☑AMD　☑Intel ☑H264/HEVC硬件加速编码（需要重新启动） 帮助　确定　取消

■ 任务评价

1. 自我评价

□ 熟悉 Pr 的界面组成。

□ 学会"编辑"面板与"图形"面板之间的切换。

□ 找到"项目"面板中的"新建项"按钮。

□ 在"工具"面板中找到"剃刀工具""文字工具"。

□ 在"节目"面板中找到"播放""暂停"和"导出帧"按钮。

□ 在"效果控件"面板中找到"运动""不透明度"等属性。

□ 了解"效果"面板和"源"面板的功能。

2. 教师评价

工作页完成情况：□ 优　□ 良　□ 合格　□ 不合格

任务二　导入素材

班级：_____　姓名：_____　日期：_____　地点：_____　学习领域：Pr 基本操作

■ 任务目标

1. 熟悉 Pr 导入素材的方法。

2. 掌握 Pr 素材的类型。

3. 学会素材的分类整理。

导入素材

4. 养成良好的操作习惯,培养严谨的工作作风。

🐟 任务导入

登录一些公益素材网站,检索并下载无版权争议的素材。

素材网站

👁 任务准备

进一步熟悉Pr操作规范。

⚒ 任务实施

步　　骤	说明或截图
1. 启动Pr后,在"项目"面板的空白区双击或右击,执行"导入"命令可以导入素材。	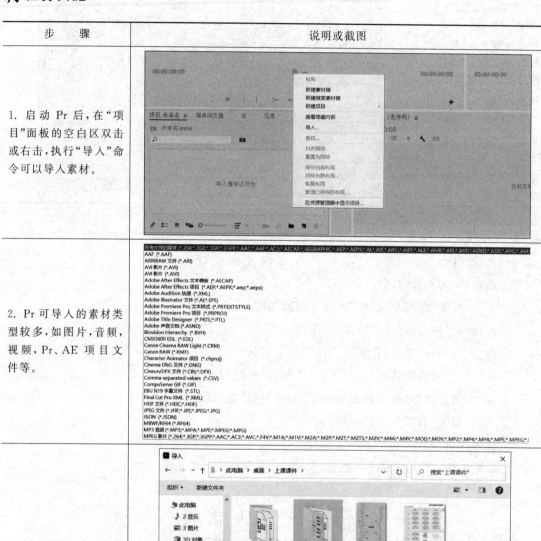
2. Pr可导入的素材类型较多,如图片,音频,视频,Pr、AE项目文件等。	所有支持的媒体 (*.264;*.3G2;*.3GP;*.3GPP;*.AAC;*.AAF;*.AC3;*.AECAP;*.AEGRAPHIC;*.AEP;*.AEPX;*.AI;*.AIF;*.AIFC;*.AIFF;*.ALE;*.AMB;*.ARI;*.ASF;*.ASND;*.ASX;*.AVC;*.AVE AAF (*.AAF) ARRIRAW 文件 (*.ARI) AVI 影片 (*.AVI) AVI 影片 (*.AVI) Adobe After Effects 文本模板 (*.AECAP) Adobe After Effects 项目 (*.AEP;*.AEPX;*.aep;*.aepx) Adobe Audition 轨道 (*.XML) Adobe Illustrator 文件 (*.AI;*.EPS) Adobe Premiere Pro 文本样式 (*.PRTEXTSTYLE) Adobe Premiere Pro 项目 (*.PRPROJ) Adobe Title Designer (*.PRTL;*.PTL) Adobe 声音文档 (*.ASND) Biovision Hierarchy (*.BVH) CMX3600 EDL (*.EDL) Canon Cinema RAW Light (*.CRM) Canon RAW (*.RMF) Character Animator 项目 (*.chproj) Cinema DNG 文件 (*.DNG) Cineon/DPX 文件 (*.CIN;*.DPX) Comma-separated values (*.CSV) CompuServe GIF (*.GIF) EBU N19字幕文件 (*.STL) Final Cut Pro XML (*.XML) HEIF 文件 (*.HEIC;*.HEIF) JPEG 文件 (*.JFIF;*.JPE;*.JPEG;*.JPG) JSON (*.JSON) MBWF/RF64 (*.RF64) MP3 音频 (*.MP3;*.MPA;*.MPE;*.MPEG;*.MPG) MPEG影片 (*.264;*.3GP;*.3GPP;*.AAC;*.AC3;*.AVC;*.F4V;*.M1A;*.M1V;*.M2A;*.M2P;*.M2T;*.M2TS;*.M2V;*.M4A;*.M4V;*.MOD;*.MOV;*.MP2;*.MP4;*.MPA;*.MPE;*.MPEG;*.
3. Pr还可将一个文件夹中可识别的内容完整地导入。	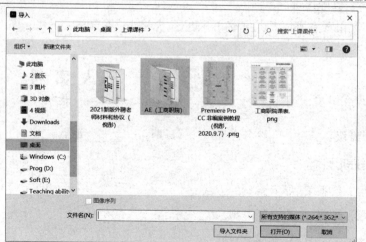

步　　骤	说明或截图
4. 在 Pr 中可导入一个"图像序列"并生成一段视频素材。	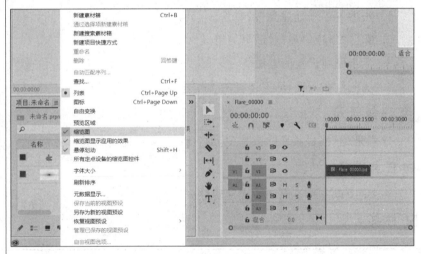
5. 单击"项目"面板右边的"≡"按钮,可展开相应的菜单命令,将"缩略图"选中,这样在"项目"面板中就可对素材进行"预览"。	
6. 单击"项目"面板下方的"新建素材箱"按钮,可建立若干个文件夹,从而实现对素材的分类管理。	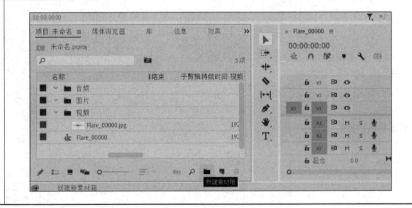

任务评价

1. 自我评价

□ 学会"导入"素材的三种方法。　　□ 学会 PS、Pr、AE 源文件的导入方法。

□ 掌握"图像序列"文件导入。　　□ 掌握"项目"面板中"缩略图"命令的使用。

□ 学会分类建立素材文件夹。　　□ 能根据需要熟练切换"项目"面板中"图标"

　　　　　　　　　　　　　　　　　"列表"等视图,对素材进行管理和预览。

2. 教师评价

工作页完成情况：□ 优 □ 良 □ 合格 □ 不合格

任务三　新建序列

班级：_____　姓名：_____　日期：_____　地点：_____　学习领域：Pr 基本操作

新建序列

任务目标

1. 熟悉 Pr "新建序列"的方法。

2. 掌握"新建序列"对话框的组成。

3. 学会序列设置的方法。

4. 规范作业流程,培养严谨的工作作风。

任务导入

序列是 Pr 项目落地的必选项,即：Pr 必须依托序列进行剪辑操作。

任务准备

在 Pr 中以三种不同的方式新建序列。

任务实施

步　骤	说明或截图
1. 启动 Pr 后,在"项目"面板中导入一批素材; 选择"新建项"→"序列"命令,打开"新建序列"对话框。	项目:未命名_1　　媒体浏览器　　库　　信息　　效果　　» 未命名_1.prproj 名称　　　　　　　　　　帧速率 ∧　　媒体 Jun and Vanessa (0;00;24;0 玫瑰.jpg Jun and Vanessa.mov　　29.97 fps　　00;0 闪光粒子.mov　　　　　　29.97 fps　　00;0 序列 项目快捷方式_ 脱机文件_ 调整图层_ 彩条_ 黑场视频_ 颜色遮罩_ 通用倒计时片头_ 透明视频_

步 骤	说明或截图
2. 在"序列预设"中有多种序列模板可供选择，例如 HDV 720p25，即分辨率为 1280px × 720px(16 : 9)，帧速率为 25 帧/秒等。	
3. 在"新建序列"对话框的"设置"选项卡中，还可采用"自定义"编辑模式，可满足特定的视频编辑需求。	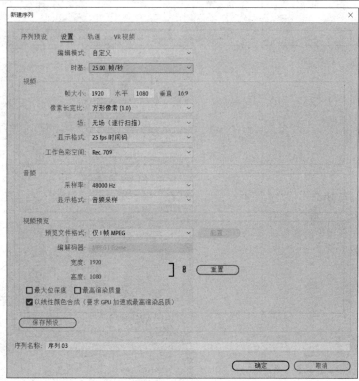

续表

步 骤	说明或截图
4. 在 Pr 中,"新建序列"的第二种方法就是将"项目"面板上的素材直接拖曳至时间轴,从而创建一个同名的序列。	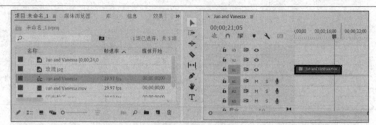
5. 在 Pr 中,"新建序列"的第三种方法就是右击"项目"面板上的素材,在弹出的菜单中执行"从剪辑新建序列"命令,也可创建一个同名的序列。	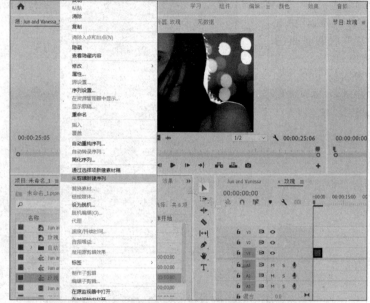
6. 执行"序列"→"序列设置"菜单命令,可对当前序列预设的参数进行调整。	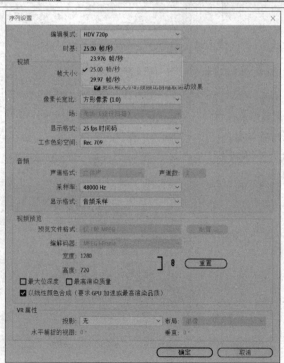

任务评价

1. 自我评价

□ 学会"新建序列"三种方法。　　　　□ 学会选用"序列预设"模板。

□ 掌握"自定义"序列的方法。　　　　□ 学会"序列设置"中的参数调整。

□ 拓展学习"平行时间轴"。　　　　　□ 拓展学习"自动重构序列"。

2. 教师评价

工作页完成情况：□ 优 □ 良 □ 合格 □ 不合格

任务四　分割、分离

班级：_____ 姓名：_____ 日期：_____ 地点：_____ 学习领域：Pr 基本操作

任务目标

1. 掌握分割、分离素材常用的方法。

2. 掌握分割素材工具及快捷键的使用。

3. 学会自动分割素材——场景编辑检测。

4. 学会用高版本软件的高性能提高工作效率。

分割、分离

任务导入

分割、分离素材是 Pr 中使用频率最高的操作之一，对于该操作，不仅要学会使用工具和命令，而且要学会相应的快捷键操作。

任务准备

Pr 以工具和命令两种不同的方式对素材进行分割、分离。

任务实施

步　骤	说明或截图
1. 启动 Pr 后，在"项目"面板中导入一段视频素材； 将素材拖曳至时间轴，从而创建一个新的序列。	

步　骤	说明或截图
2. 右击时间轴轨道上的素材,在弹出的下拉菜单中执行"取消链接"命令,可将素材的音频、视频轨道进行分离。 注:按住 Alt 键,再用鼠标单击音频或视频,也可对素材的音视频进行分离。	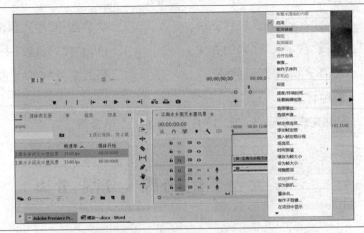
3. 将当前时间指示器拖曳至指定的位置,再选定"剃刀工具",单击时间轴上的素材,即可对素材进行"分割"操作。	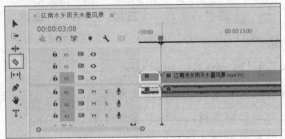
4. 分割素材最常用的做法是使用快捷键Ctrl+K。 若要对多层素材进行分割,那就用快捷键Ctrl+Shift+K。	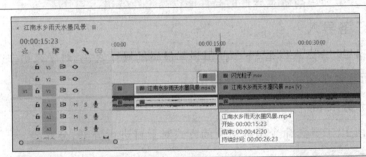
5. 在时间轴上右击"项目"面板上的素材,在弹出的菜单中执行"场景编辑检测"命令,打开"场景编辑检测"对话框; 选中"从每个检测到的修剪点创建子剪辑素材箱",单击"分析"按钮,开始对素材进行分析并切割。	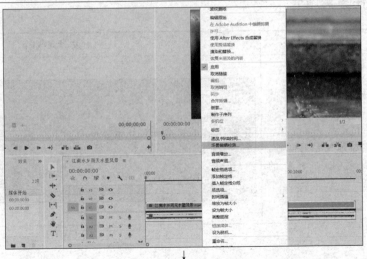

步　骤	说明或截图
5. 在时间轴上右击"项目"面板上的素材,在弹出的菜单中选择"场景编辑检测"命令,打开"场景编辑检测"对话框; 选中"从每个检测到的修剪点创建子剪辑素材箱",单击"分析"按钮,开始对素材进行分析并切割。	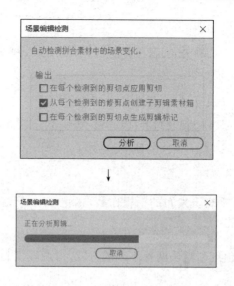
6. 分析结束,在"项目"面板中自动创建了一个文件夹,其中存放的就是自动分段切割的素材。	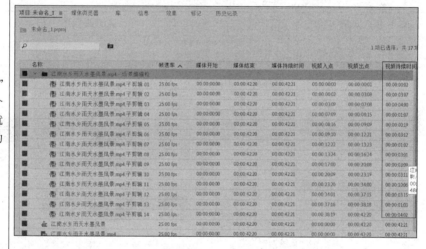

📽 任务评价

1. 自我评价

☐ 学会素材音视频分离的两种方法。

☐ 掌握 Alt 键在分离素材时的使用。

☐ 学会用快捷键 Ctrl＋K/Ctrl＋Shift＋K 分割素材。

☐ 掌握素材分割的三种方法。

☐ 学会用"剃刀工具"分割素材。

☐ 掌握场景素材自动分割操作。

2. 教师评价

工作页完成情况:☐ 优 ☐ 良 ☐ 合格 ☐ 不合格

任务五 转场效果

班级：_____ 姓名：_____ 日期：_____ 地点：_____ 学习领域：Pr 基本操作

任务目标

1. 掌握视频转场（过渡）设置的常用方法。
2. 掌握"效果"→"视频过渡"基本操作。
3. 学会快捷键 Ctrl＋D 的使用。

任务导入

观察抖音等平台上发布的影视作品，感受视频"转场"特效的精妙绝伦。

任务准备

在 Pr 中以预设和默认两种不同的方式，对两段素材的结合处进行转场（过渡）效果设置。

任务实施

步　　骤	说明或截图
1. 启动 Pr 后，在"项目"面板中导入一个文件夹； 文件夹中包含有一批图片和音频文件。	
2. 在"项目"面板选中全部图片并拖曳至 V1 轨道，选中音频文件并拖曳至 A1 轨道； 移动当前时间指示器至图片末尾，按快捷键 Ctrl＋K 分割音频并删除指针右侧的音频素材，从而使音视频轨道长度对齐。	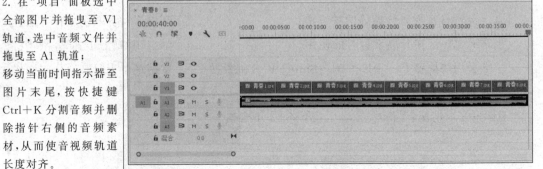

步 骤	说明或截图
3. 打开"效果"面板,选定"视频过渡"→"溶解"→"黑场过渡"并将其拖曳至第一张图片的开头和最后一张图片的末尾,从而形成淡入、淡出的效果。	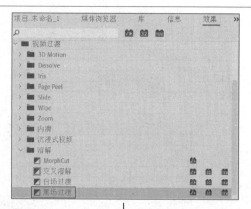 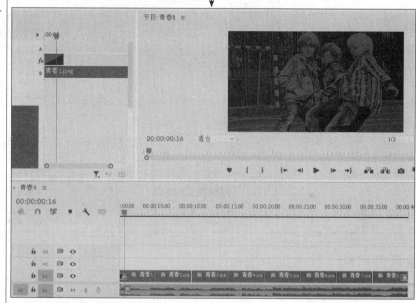
4. 在相邻两段素材之间可添加各种预设的"视频过渡"效果,如"视频过渡"→"沉浸式视频"→"VR 球形模糊"。	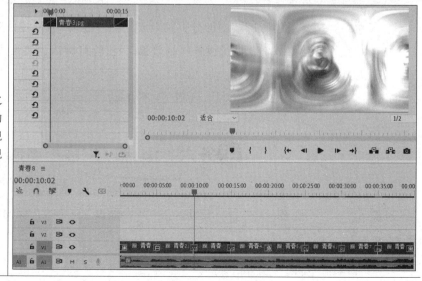

步　骤	说明或截图
5. 在"效果控件"面板可对各种预设的"视频过渡"参数进行调整。	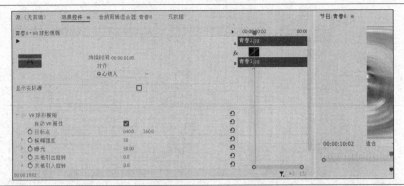
6. 在"效果"面板的"视频过渡"下选定某一转场（过渡）效果，右击，将所选过渡设置为默认过渡，选中时间线上所有素材，按快捷键 Ctrl＋D，即可将默认过渡效果添加至两两素材之间以及素材片段的首尾。	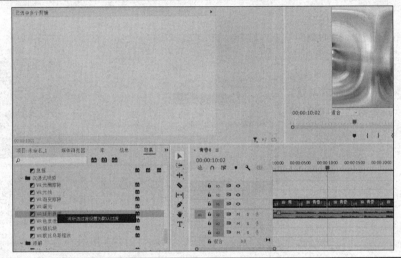

■ 任务评价

1. 自我评价

□ 学会导入文件夹操作。　　　　　　　　□ 掌握 V、A 轨道对象的排列和对齐。

□ 了解"效果"→"视频过渡"中的分类及组成。　□ 学会在"效果控件"面板调整转场效果。

□ 学会用快捷键 Ctrl＋D 批量设置转场效果。　□ 能将所选过渡设置为默认过渡。

2. 教师评价

工作页完成情况：□ 优　□ 良　□ 合格　□ 不合格

任务六　添加字幕

班级：＿＿＿＿＿　姓名：＿＿＿＿＿　日期：＿＿＿＿＿　地点：＿＿＿＿＿　学习领域：Pr 基本操作

添加字幕

▤ 任务目标

1. 掌握添加字幕的常用方法。

2. 学会使用"文字工具"添加字幕并创建"源文本"动画。

3. 学会使用"基本图形"面板添加字幕。

4. 学会用"图文混排"的方法高效、准确地传达信息。

任务导入

　　观察并分析优秀的影视作品,发现片头、片尾和需要重点加以注释的地方都会有文字字幕出现。这些字幕是怎么制作的呢? 本任务带大家一起学习。

任务准备

　　在 Pr 中以"文字工具"和功能面板两种不同的方式对视频添加文字注释。

任务实施

步　　骤	说明或截图
1. 启动 Pr 后,在"项目"面板中单击"新建项"→"黑场视频"按钮,新建一个 1920px×80px 的黑场视频; 将素材和黑场视频均拖曳至 V1～V2 轨道; 在"效果控件"面板中将黑场视频的不透明度设置为 80%。	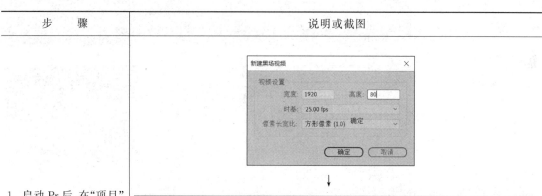 ↓ 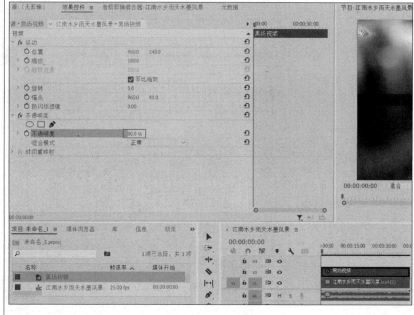

步　　骤	说明或截图
2. 使用"文字工具"可输入文本； 在"效果控件"面板中可设置文字的属性，如字体、字形、字号和颜色等，节目监视窗口可以预览设置字幕的效果。	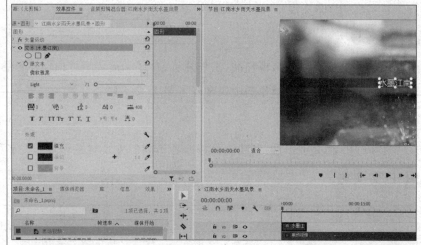
3. 在"效果控件"面板中对"源文本"创建五个关键帧，第一帧不加载字幕，从第二帧起分别加载"水""水墨""水墨江""水墨江南"，从而形成逐个文字出现的动画效果。在时间线调整字幕轨道长度可以改变动画时间。	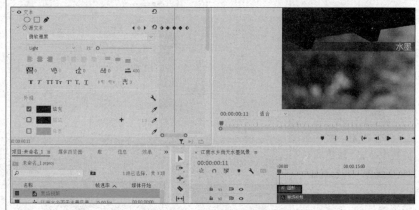
4. 在Pr"窗口"菜单中展开"基本图形"面板，其中预设了大量的"字幕"模板，可以直接调用。	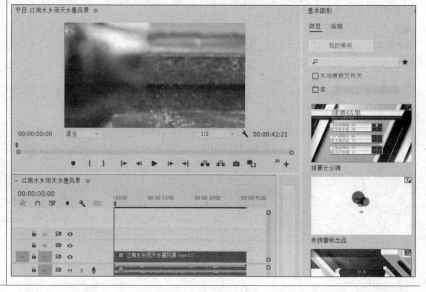

步　骤	说明或截图
5. 在"基本图形"面板中将"基本标题"模板拖曳至 V2 轨道； 编辑文本并设定其相应的属性，如字体、字号、颜色、背景等。	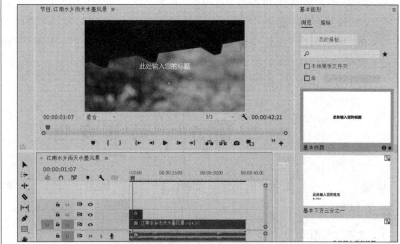 
6. 选中 V2 轨道上的文字模板，设置文本的"滚动"效果，完成动态字幕的添加。	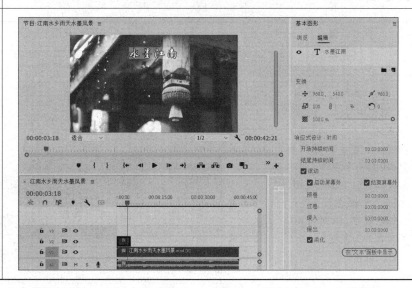

任务评价

1. 自我评价

□ 添加文字字幕的两种方法。　　　　　□ "文字工具"的操作使用。

□ 在"效果控件"面板中调整文字属性。　□ "源文本"动画设置。

□ 在"基本图形"面板中添加"标题"。　　□ 在"基本图形"面板中调整文字属性。

2. 教师评价

工作页完成情况：□ 优 □ 良 □ 合格 □ 不合格

任务七　局部变色

班级：_____ 姓名：_____ 日期：_____ 地点：_____ 学习领域：Pr 基本操作

局部变色

任务目标

1. 掌握 Pr 中常见的调色方法。

2. 掌握"色彩""更改为颜色"的调色方法。

3. 掌握"颜色"面板 Lumetri 调色。

4. 学会用丰富的颜色去表现大千世界的美。

任务导入

Pr 可以实现一级调色和二级调色，其中一级调色主要是调节素材的曝光、饱和度、色相、色温、对比度等参数，实现对素材的色彩校正。一级调色可以满足大多数大众化需求，二级调色可以满足更高端的个性化需求。

任务准备

自学色彩的基本知识，了解 Pr"颜色校正"效果面板和 Lumetri 面板的构成。

任务实施

步　骤	说明或截图
1. 启动 Pr 后，在"项目"面板中导入一段视频素材； 将素材拖曳至 V1 轨道，从而创建一个新的序列； 对 V1 轨道上的素材应用"效果"→"颜色校正"→"色彩"效果，画面将由彩色转变为灰度。	

步　　骤	说明或截图
2. 打开"效果控件"面板，再单击"色彩"→"着色量"选项之前的关键帧按钮，首尾各添加一个关键帧，将其值设定为 100%～0%，从而产生从灰度到彩色的动画效果。	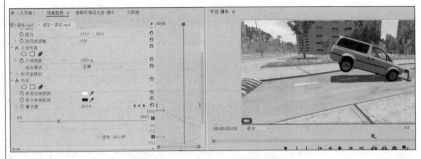
3. 将一幅图片素材拖曳至 V1 轨道；打开"效果"面板，选定"更改为颜色"，将其拖曳至图片素材之上。	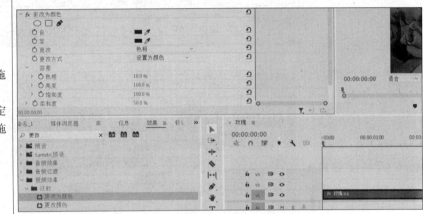
4. 打开"效果控件"面板，调整"更改为颜色"→"容差"→"色相"的值至 100%；单击"更改为颜色"→"自"→"至"参数之前的关键帧按钮，更改"至"后选项框颜色为红玫瑰，即完成红玫瑰颜色渐变的动画效果。	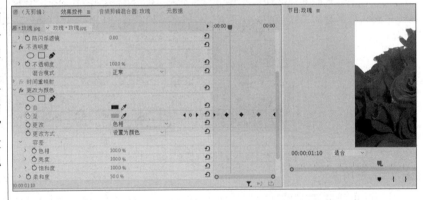
5. 将视频素材拖曳至 V1 轨道，从而创建一个新的序列；从"项目"面板中新建一个调整图层，将其拖曳至时间轴轨道并保持为选定状态。	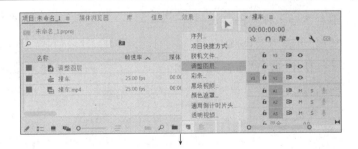

步　　骤	说明或截图
5. 将视频素材拖曳至V1轨道,从而创建一个新的序列; 从"项目"面板新建一个调整图层,将其拖曳至时间轴轨道并保持为选定状态。	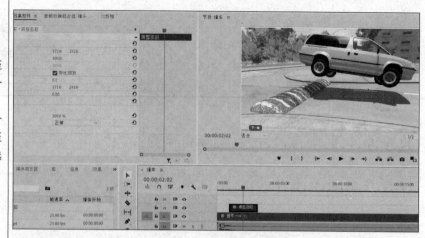
6. 切换"颜色"面板选项卡,在右侧的"Lumetri颜色"面板中的"色相与色相"处用"吸管"工具在车身上取色并调整曲线,完成汽车车身的变色处理。	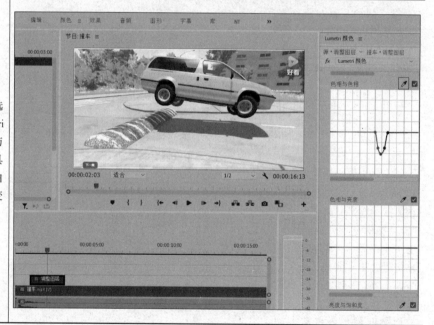

任务评价

1. 自我评价

□ 学会素材多种调色方法。　　　　□ 掌握"色彩"调色。

□ 掌握"更改为颜色"调色。　　　　□ 学会"渐变动画"设置。

□ 学会使用"颜色"面板。　　　　□ 掌握 Lumetri 颜色中的曲线调色。

2. 教师评价

工作页完成情况:□ 优 □ 良 □ 合格 □ 不合格

任务八　音量调整

班级：_____　姓名：_____　日期：_____　地点：_____　学习领域：Pr 基本操作

音量调整

📖 任务目标

1. 掌握 Pr 中常见的调音方法。

2. 掌握在音频轨道调节音量。

3. 掌握在"效果控件"面板中调节音量。

4. 掌握声音的"降噪"处理，提高声音的品质。

🪝 任务导入

观察众多平台上的短视频作品，不难发现声音是视频不可或缺的重要组成，对提高作品的品质有着极其重要的意义。

👁 任务准备

在 Pr 时间轴的音频轨（A）中包含多种声音调节方法，尤其是在 Pr 高版本中的"音频"面板，调音功能十分强大。

⚒ 任务实施

步　骤	说明或截图
1. 启动 Pr 后，在"项目"面板中导入一段有声音的视频素材；将素材拖曳至时间轴，从而创建一个新的序列；按快捷键 Alt＋"＋/－"可将 A1 音轨在纵向做放大/缩小调整。	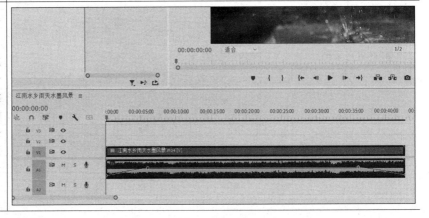
2. 使用"钢笔工具"或 Ctrl＋"选择工具"在音轨线上添加四个关键帧，调整成如图所示的梯形状，从而完成声音的淡入、淡出效果设置。	

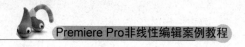

步　骤	说明或截图
3. 音量大小也可在"效果控件"面板中调节；打开"效果控件"面板，调整"音频"→"音量"→"级别"的值，就可很方便地对音量进行调节。	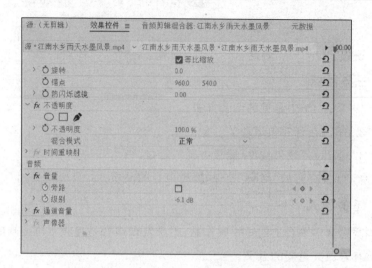
4. 打开"效果"面板，选中"音频效果"→"降杂/恢复"→"降噪"，将其拖曳至需要降噪的素材之上。	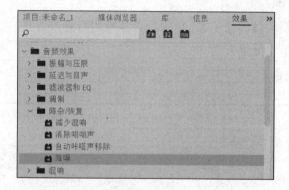
5. 打开"效果控件"面板，单击"降噪"→"自定义设置"→"编辑"，打开"降噪"设置对话框；在"预设"面板中选择"强降噪"，完成声音的降噪处理。	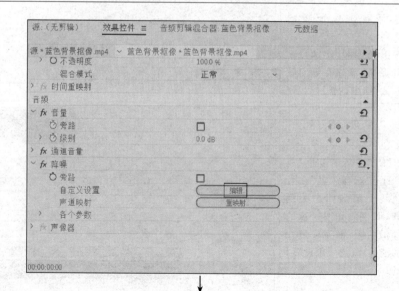

步 骤	说明或截图
5. 打开"效果控件"面板，单击"降噪"→"自定义设置"→"编辑"，打开"降噪"设置对话框； 在"预设"面板中选择"强降噪"，完成声音的降噪处理。	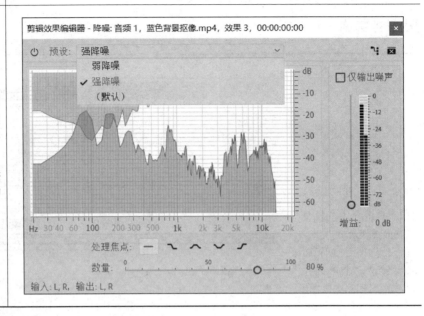

任务评价

1. 自我评价

□ 学会多种音量调节方法。　　　　　　□ 掌握音频轨道在纵向的高低调整。

□ 掌握在音频轨道调节音量。　　　　　□ 掌握在"效果控件"面板中调节音量。

□ 学会声音的"降噪"处理。　　　　　　□ 了解"音频"面板的基本组成。

2. 教师评价

工作页完成情况：□ 优 □ 良 □ 合格 □ 不合格

任务九　解 说 配 音

班级：_____　姓名：_____　日期：_____　地点：_____　学习领域：Pr 基本操作

任务目标

1. 掌握 Pr 中"音频硬件"的设置。

2. 学会在 Pr 中录音、降噪。

3. 掌握"音频"面板配音操作。

4. 用心去聆听世界上美妙的声音。

解说配音

任务导入

声音是短视频不可或缺的重要组成。本任务主要对 Pr 中的音频硬件设置、录音及配音等操作进行讲解。

任务准备

计算机要配备麦克风、音箱等硬件设备。

任务实施

步　骤	说明或截图
1. 启动 Pr 后，在"项目"面板中导入一段带声音的视频素材； 将素材拖曳至时间轴，从而创建一个新的序列，按空格键进行"预览"时，音频仪表在动，但听不见声音； 此时可通过"编辑"→"首选项"→"音频硬件"菜单命令进行调整。	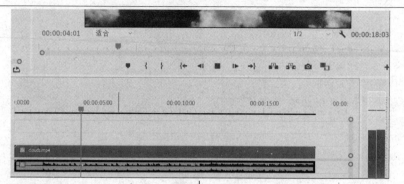 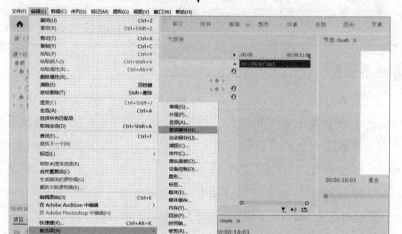
2. 在打开的"首选项"→"音频硬件"对话框中，默认输入设置为"无输入"，默认输出设置为"系统默认-扬声器……"，单击"确定"按钮，完成声音输出设置。	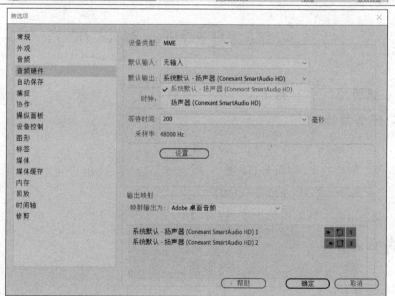

步　骤	说明或截图
3. 在打开的"首选项"→"音频"对话框中，勾选"时间轴录制期间静音输入"，以确保无回声的高品质声音录制。	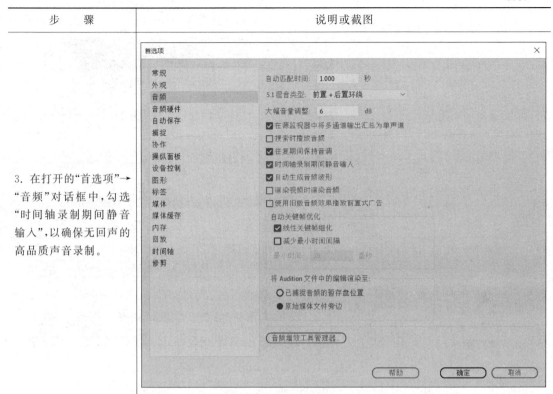
4. 在时间轴的音频轨道的"画外音录制"按钮上右击，在弹出的菜单中选择"画外音录制设置"，打开 Pr 录音设置对话框； 将"源"设置为"系统默认"→"麦克风阵列……"。	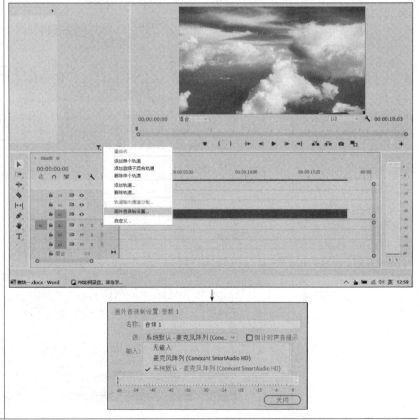

续表

步　骤	说明或截图
5. 单击"画外音录制"按钮，开始进入高品质的 Pr 录音。	
6. 在"录音"的音轨下方添加一个背景音乐（BGM），按空格键播放，可听出录制的音频音量比背景音量小。	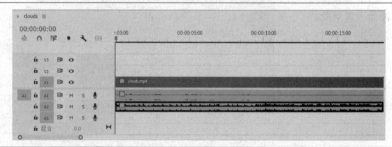
7. 选中"录音"轨道，再打开"基本声音"面板，在右侧的"基本声音"选项中单击"对话"按钮；选中"背景音乐"轨道，在右侧的"基本声音"选项中单击"音乐"按钮，勾选"回避"选项，再单击"生成关键帧"按钮；用空格键测试配音的效果，可听到当录制声音时，背景音乐的声音会自动弱化；当没有人的说话声音时，背景音乐会自动加强，从而达到很好的配音效果。	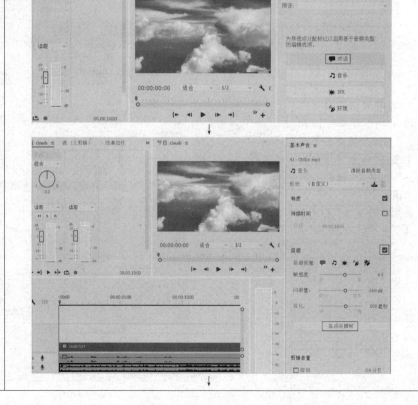

续表

步　骤	说明或截图
7. 选中"录音"轨道,再打开"基本声音"面板,在右侧的"基本声音"选项中单击"对话"按钮;选中"背景音乐"轨道,在右侧的"基本声音"选项中单击"音乐"按钮,勾选"回避"选项,再单击"生成关键帧"按钮;用空格键测试配音的效果,可听到当录制声音时,背景音乐的声音会自动弱化;当没有人的说话声音时,背景音乐会自动加强,从而达到很好的配音效果。	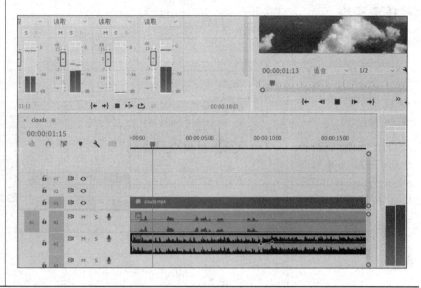

任务评价

1. 自我评价

□ 学会"首选项"→"音频硬件"属性调整。　　□ 学会"首选项"→"音频"属性调整。

□ 掌握"画外音录制设置"。　　　　　　　　□ 学会用音频轨道进行"录音"。

□ 学会在 Pr 中进行"配音"。　　　　　　　　□ 掌握"音频"面板"配音"的高级使用。

2. 教师评价

工作页完成情况:□ 优 □ 良 □ 合格 □ 不合格

任务十　快捷键小结

班级:_____　姓名:_____　日期:_____　地点:_____　学习领域:Pr 基本操作

任务目标

1. 掌握 Pr 中常用的快捷键操作。

2. 掌握 Pr 文件类快捷键的使用。

3. 掌握 Pr 剪辑类快捷键的使用。

4. 学会使用快捷键提升工作效率。

快捷键
小结

任务导入

Pr 快捷键可以成倍提升工作效率,Pr 的熟练操作者都是驾驭快捷键的高手。

任务准备

本任务以 Adobe Premiere Pro 2023 版为例,介绍 Pr 快捷键的使用。

　　注：Pr 有些快捷键会与某些中文输入法的快捷键设置冲突,导致无法正常使用,应切换输入法至纯英文输入状态才能正常使用。

⚒ 任务实施

步　骤	说明或截图
1. 启动 Pr 后,按快捷键 Ctrl＋Alt＋K 打开 Adobe Premiere Pro 键盘的"快捷键默认值"面板。	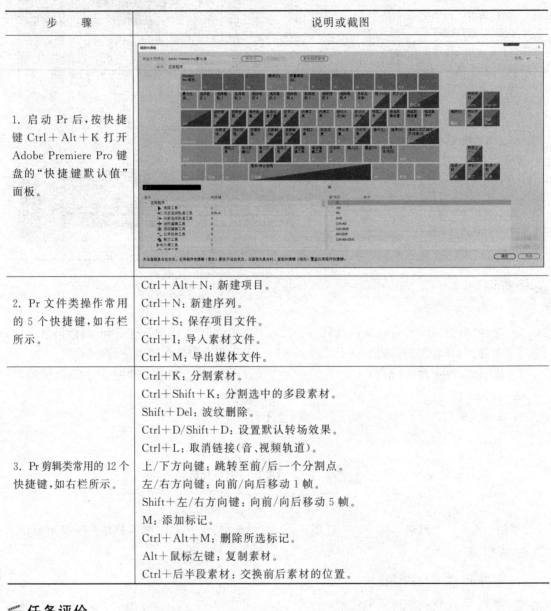
2. Pr 文件类操作常用的 5 个快捷键,如右栏所示。	Ctrl＋Alt＋N:新建项目。 Ctrl＋N:新建序列。 Ctrl＋S:保存项目文件。 Ctrl＋I:导入素材文件。 Ctrl＋M:导出媒体文件。
3. Pr 剪辑类常用的 12 个快捷键,如右栏所示。	Ctrl＋K:分割素材。 Ctrl＋Shift＋K:分割选中的多段素材。 Shift＋Del:波纹删除。 Ctrl＋D/Shift＋D:设置默认转场效果。 Ctrl＋L:取消链接(音、视频轨道)。 上/下方向键:跳转至前/后一个分割点。 左/右方向键:向前/向后移动 1 帧。 Shift＋左/右方向键:向前/向后移动 5 帧。 M:添加标记。 Ctrl＋Alt＋M:删除所选标记。 Alt＋鼠标左键:复制素材。 Ctrl＋后半段素材:交换前后素材的位置。

🎬 任务评价

　　1. 自我评价

　　□ 学会查阅 Pr 的快捷键大全。　　　　　□ 掌握快捷键的重新定义方法。

　　□ 掌握 Pr 文件类操作的快捷键使用。　□ 掌握 Pr 剪辑类操作的快捷键使用。

　　□ 避开与输入法的快捷键冲突。　　　　□ 熟记常用的 Pr 快捷键,如工具类。

　　2. 教师评价

　　工作页完成情况:□ 优　□ 良　□ 合格　□ 不合格

模块二

动画制作

任务一　制作 GIF 动画

班级：＿＿＿＿　姓名：＿＿＿＿　日期：＿＿＿＿　地点：＿＿＿＿　学习领域：Pr 动画

制作
GIF 动画

📖 任务目标

1. 熟悉"项目"面板中展开内容。

2. 学会在"节目"面板中标记入点、出点。

3. 掌握"导出"面板的设置。

4. 优化不同版本 Pr 的作业环境，掌握 GIF 动图导出技巧。

🏃 任务导入

观察微信订阅号等媒体上的 GIF 动图，了解其应用场合。

👁 任务准备

准备好能导出动图的视频素材。

🛠 任务实施

步　骤	说明或截图
1. 启动 Pr 软件，在"项目"面板中导入一段视频素材； 展开"项目"面板右侧折叠区，将"缩览图"选中。	

步　　骤	说明或截图
2. 将素材拖曳至V1轨道,对要导出的部分标记入点、出点。	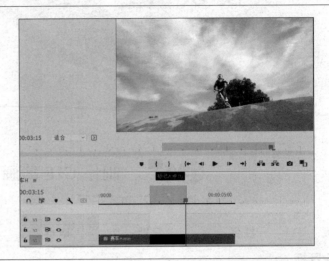
3. 选择"文件"→"导出"→"媒体"菜单命令,快捷键是 Ctrl＋M,准备对选定的区域进行输出。	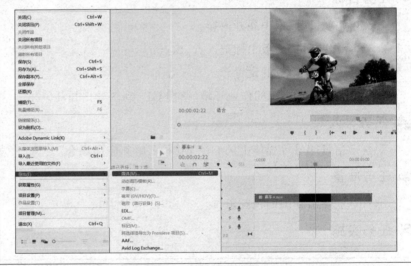
4. 在"导出"面板中可设置导出媒体的文件名、保存位置、文件格式等选项。	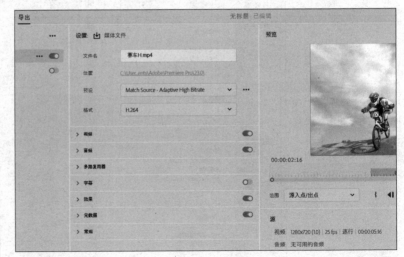

步　骤	说明或截图
5. 展开"格式"选项,选定"动画 GIF"按钮,准备将视频导出为 GIF 动图。	
6. 展开"视频"选项,可进行基本视频设置,如帧大小、帧速率、场序、长宽比等参数的设置。	
7. 单击"导出"面板右下侧的"导出"按钮,可以导出 GIF 动图。	

任务评价

1. 自我评价

□ 熟悉 Pr 2023 导入、编辑和导出三个选项卡。

□ 熟悉"项目"面板的组成。

□ 在"节目"面板中标记入点、出点。

□ 掌握标记入点、出点的快捷键。

□ "导出"面板的"格式"项设置。

□ "导出"面板的"视频"项设置。

□ "导出"GIF 动图的结果验证。

2. 教师评价

工作页完成情况：□ 优 □ 良 □ 合格 □ 不合格

任务二　Pr 规范流程

班级：＿＿＿＿　姓名：＿＿＿＿　日期：＿＿＿＿　地点：＿＿＿＿　学习领域：Pr 动画

任务目标

1. 熟悉 Pr "导入"→"编辑"→"导出"作业的规范流程。

2. 掌握"首选项"面板个性化的设置方法。

3. 学会音视频的"默认过渡"设置。

4. 优化快捷键的批量操作，提高工作效率。

Pr 规范
流程

任务导入

登录 B 站或抖音等视频网站，感受短视频作品的创作规范流程和乐趣。

任务准备

准备若干音视频素材。

任务实施

步　　骤	说明或截图
1. 启动 Pr 软件，在"项目"面板中导入一批视频和音频素材。	

步　　骤	说明或截图
2. 将素材分别拖曳至 V 轨道和 A 轨道。	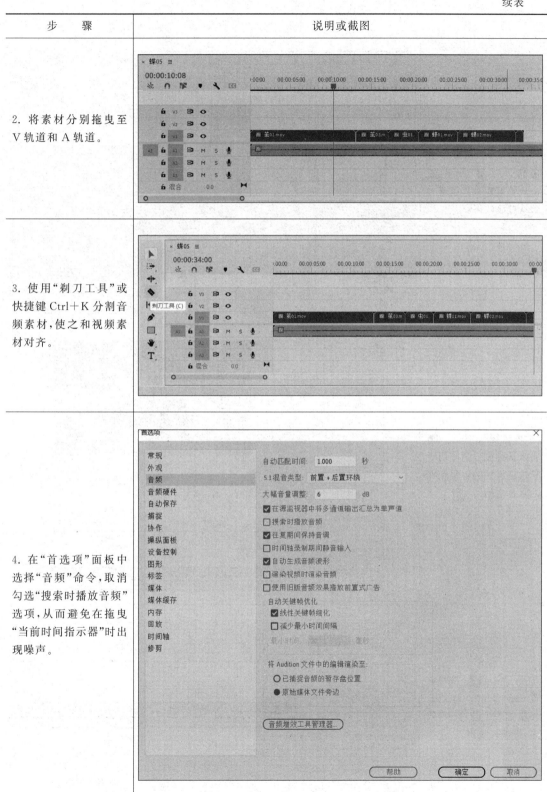
3. 使用"剃刀工具"或快捷键 Ctrl＋K 分割音频素材,使之和视频素材对齐。	
4. 在"首选项"面板中选择"音频"命令,取消勾选"搜索时播放音频"选项,从而避免在拖曳"当前时间指示器"时出现噪声。	

步　骤	说明或截图
5. 在"效果"面板中右击"交叉溶解"按钮，右击该效果并将其设置为默认过渡效果。	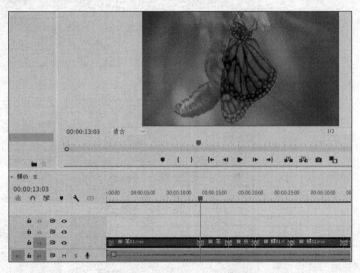
6. 按快捷键 Ctrl＋D，将默认过渡效果应用于 V 轨道素材的首尾和两两素材之间。	
7. 选定 A 轨道，按快捷键 Ctrl＋Shift＋D，给音频添加"恒定功率"效果，即淡入淡出。	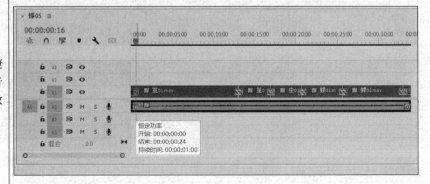

步 骤	说明或截图
8. 切换至"导出"面板，设置好媒体文件导出的名称、保存的位置及格式等，完成 Pr "导入"→"编辑"→"导出"三段完整、规范的流程。	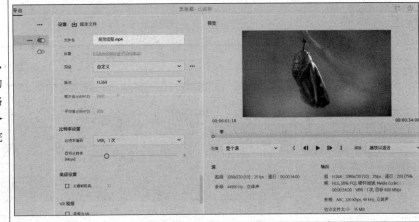

任务评价

1. 自我评价

□ 熟悉 Pr 的规范作业流程。

□ 学会"工具"的单字母快捷键的使用。

□ 定制"首选项"的音频部分。

□ 视频素材"默认过渡"设置。

□ 音频素材"默认过渡"设置。

□ 掌握快捷键 Ctrl+D 的使用。

□ 掌握快捷键 Ctrl+Shift+D 的使用。

2. 教师评价

工作页完成情况：□ 优 □ 良 □ 合格 □ 不合格

任务三　帷幕拉开

班级：_____ 姓名：_____ 日期：_____ 地点：_____ 学习领域：Pr 动画

任务目标

1. 了解"双侧平推门"效果的应用场合。

2. 学会"双侧平推门"效果的运用。

3. 掌握"裁剪"的关键帧动画设置。

4. 利用图层蒙版制作拉幕动效。

帷幕拉开

任务导入

观察一些影视作品的片头、片尾，分析其制作技法。

◉ **任务准备**

准备用于制作片头动画的视频素材。

✖ **任务实施**

步　　骤	说明或截图
1. 启动 Pr 软件,在"项目"面板中导入一段视频素材,基于该视频素材新建一个序列。	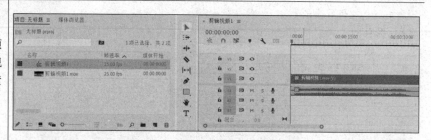
2. 在"效果"面板中选中"双侧平推门"效果并将其拖曳至 V1 轨道上视频素材的最左侧。	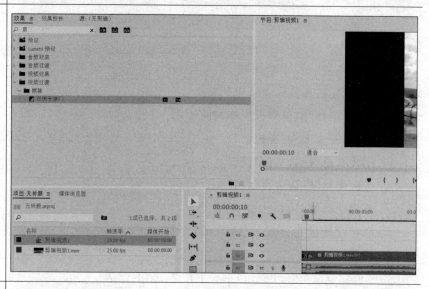
3. 在"效果控件"面板中将"双侧平推门"效果的方向设置为"自北向南",持续时间为 3s,从而得到帷幕自中心向两侧拉开的效果。	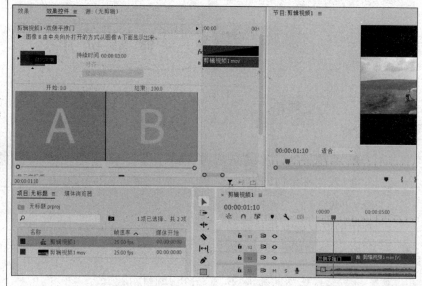

步　　骤	说明或截图
4. 制作帷幕拉开的第二种方法： 在 V1 轨道添加"裁剪"效果，然后在"效果控件"面板中对"裁剪"的顶部、底部两项间隔 3s 添加两个关键帧，设置其值为 50%～10%。	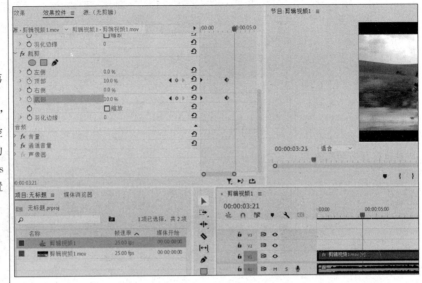
5. 制作帷幕拉开的第三种方法： 首先在"节目"面板上右击，再执行"安全边距"命令，从而显示画面的控制边界及刻度。	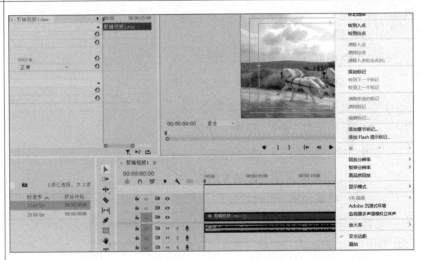
6. 然后在"效果控件"面板中单击"不透明度"项下方的"创建 4 点多边形蒙版"按钮，再将"蒙版羽化"设置为 0，准备建立"蒙版扩展"动画。	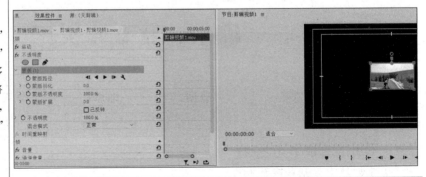

步　　骤	说明或截图
7. 最后在"效果控件"面板,间隔 3s 对"蒙版扩展"添加两个关键帧,设置其值为−136～136,完成帷幕拉开的动画效果制作。	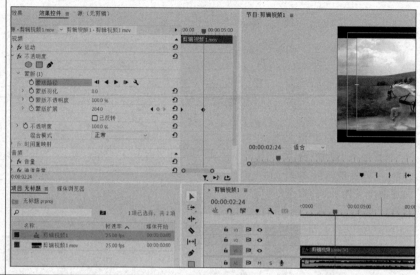

🎬 **任务评价**

1. 自我评价

□ "双侧平推门"效果的应用场合。

□ 设置自北向南的"双侧平推门"效果。

□ "裁剪"效果的关键帧动画制作。

□ "安全边距"的显示/隐藏方法。

□ Pr 中的"图层蒙版"类型。

□ Pr 中的"矩形蒙版"建立及调整。

□ 三种"帷幕拉开"动画的比较。

2. 教师评价

工作页完成情况：□ 优 □ 良 □ 合格 □ 不合格

任务四　拉幕片头

班级：_____　姓名：_____　日期：_____　地点：_____　学习领域：Pr 动画

📚 **任务目标**

1. 利用"线性擦除"效果制作斜拉幕动画。

2. 掌握轨道复制和嵌套操作。

3. 学会"亮度曲线"效果的运用。

4. 掌握在斜拉幕中描白边的技巧,提高作品的精细度。

拉幕片头

任务导入

登录 B 站,观察片头动画作品,总结其制作规律。

任务准备

准备视频素材及要参考的短视频作品。

任务实施

步　骤	说明或截图
1. 启动 Pr 软件,在"项目"面板中导入一段视频素材,基于该视频素材新建一个序列。	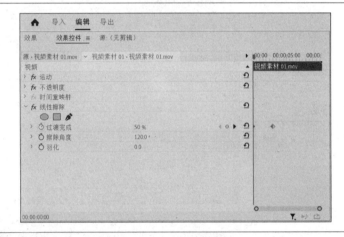
2. 在 V1 轨道添加"线性擦除"效果,在"效果控件"面板中对"线性擦除"设置如下。 擦除角度:120°; 过渡完成:50%~75%,间隔 3s。	
3. 按住 Alt 键不放,再拖曳 V1 轨道的素材至 V2 轨道,即复制 V1 轨道; 在"效果控件"面板中将"线性擦除"效果的"擦除角度"设置为-60°,完成斜向拉幕动画制作。	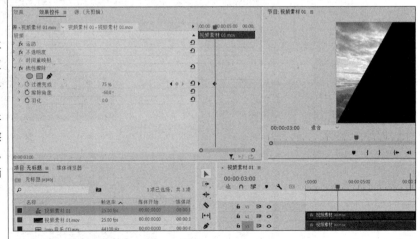

步　　骤	说明或截图
4. 选定 V1、V2 两个轨道，右击，执行"嵌套"菜单命令，从而形成一个嵌套图层。	
5. 继续按住 Alt 键不放，再拖曳 V1 轨道的素材至 V2 轨道，即复制 V1 轨道； 隐藏 V2 轨道，在 V1 轨道上添加"亮度曲线"效果，调整曲线如右图所示。	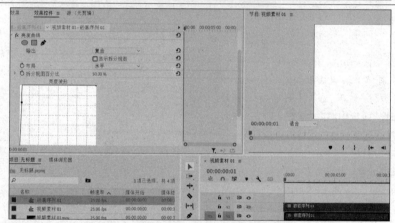
6. 显示 V2 轨道，将 V1 轨道内缩 1 帧，得到拉幕布的"白边"效果。	

步　骤	说明或截图
7. 选定 V1 轨道,将当前时间指示器定位在 3s,右击,执行"添加帧定格"菜单命令。	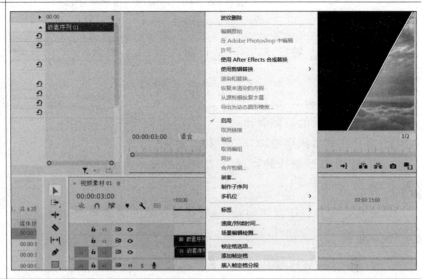
8. 在 V1 轨道输入片头文本,添加"Alpha 发光"效果; 在"效果控件"面板中设置"Alpha 发光"效果的参数如右图所示,完成最终的拉幕片头动画制作。	

📽 任务评价

1. 自我评价

☐ "线性擦除"效果的运用。

☐ "斜拉幕"效果制作。

☐ 轨道复制、嵌套操作。

☐ "亮度曲线"效果的运用。

☐ 对"线性擦除"描白边。

☐ 添加"帧定格"操作。

☐ 了解"Alpha 发光"效果。

2. 教师评价

工作页完成情况:☐ 优 ☐ 良 ☐ 合格 ☐ 不合格

任务五 文字开场动画

班级：_____ 姓名：_____ 日期：_____ 地点：_____ 学习领域：Pr 动画

文字开场
动画

🔖 任务目标

1. 了解"基本图形"面板。

2. 掌握"倒影"的动画制作。

3. 学会在调整图层添加"高斯模糊"效果。

4. 拓宽 Pr 动画制作的视域，丰富作品的呈现形式。

🎬 任务导入

登录 B 站或抖音等视频网站，感受影视作品开场动画的魅力。

👁 任务准备

准备制作开场动画所需的视频素材。

⚒ 任务实施

步 骤	说明或截图
1. 启动 Pr 软件，导入一段视频素材，将其拖曳至 V1 轨道； 单击 A1 轨道上的 M 按钮，对其进行"静音"。	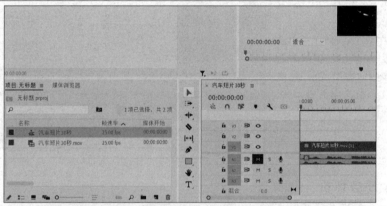
2. 使用"文字工具"输入一行文本； 在"基本图形"面板中对文字进行水平、垂直居中。	

步　　骤	说明或截图
3. 在 V2 轨道添加"镜像"效果,在"效果控件"面板中设置参数如下。 反射角度:90°; 反射中心:调整 Y 轴的值至文字消失。	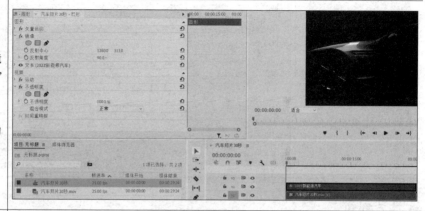
4. 在"效果控件"面板中对"镜像"效果的"反射中心"参数添加两个关键帧,间隔 5s。	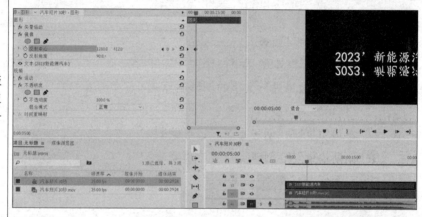
5. 在"效果控件"面板中的"不透明度"项,创建 4 点多边形蒙版,调整"蒙版羽化"的值。	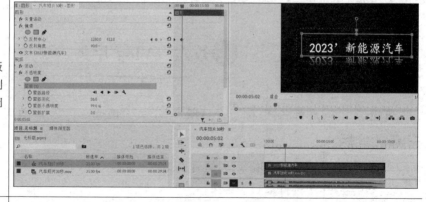
6. 新建一个与序列帧尺寸大小相同的调整图层,使其时长与序列也相匹配。	

步　　骤	说明或截图
7. 在调整图层上添加"高斯模糊"效果；在"效果控件"面板中的"高斯模糊"参数，创建4点多边形蒙版，如右图所示，完成最终的效果制作。	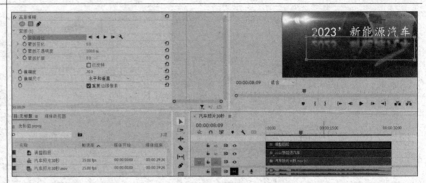

🎬 **任务评价**

1. 自我评价

□ 熟悉"基本图形"面板。

□ 依据序列进行文本的居中操作。

□ 运用"镜像"效果进行文字的倒影制作。

□ 文字倒影的动画制作。

□ 在"不透明度"项"创建4点多边形蒙版"。

□ 在"高斯模糊"项"创建4点多边形蒙版"。

□ "调整图层"和"效果"的组合使用。

2. 教师评价

工作页完成情况：□ 优 □ 良 □ 合格 □ 不合格

任务六　Vlog 片头

班级：_____ 姓名：_____ 日期：_____ 地点：_____ 学习领域：Pr 动画

Vlog 片头

🎯 **任务目标**

1. 熟悉"调整图层"与"嵌套"的组合使用。

2. 学会在 Pr 中进行书写或涂抹。

3. 灵活运用"轨道遮罩键"效果。

4. 理解"嵌套"对于优化 Pr 作业环境、提高操作效率的重要性。

🎬 **任务导入**

登录 B 站或抖音等视频网站，观察用 Pr 制作的 Vlog 作品，分析其制作技法。

👁 **任务准备**

准备 Vlog 所用到的视频素材。

⚒ 任务实施

步　骤	说明或截图
1. 启动 Pr 软件,在"项目"面板中导入一段视频素材,基于该视频素材新建一个序列; 新建一个与序列帧尺寸大小相同、时长相等的调整图层。	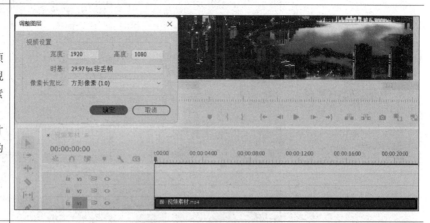
2. 将"调整图层"拖曳至 V2 轨道,进行"嵌套"操作。	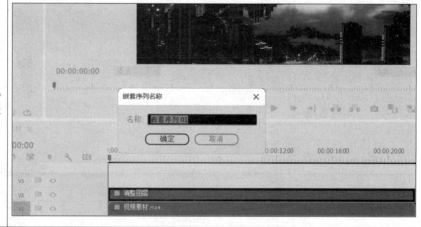
3. 在 V2 轨道上添加"书写"效果,准备制作涂抹动画。	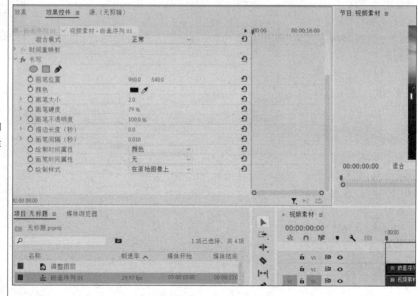

步　　骤	说明或截图
4. 在"效果控件"面板中对"书写"效果设置参数如下。 画笔大小：50； 画笔间隔：0.001。	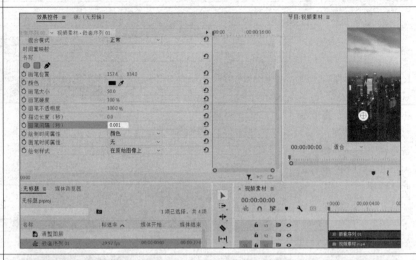
5. 在"效果控件"面板中单击"画笔位置"参数之前的关键帧按钮，每次间隔3～5帧调整"画笔位置"。	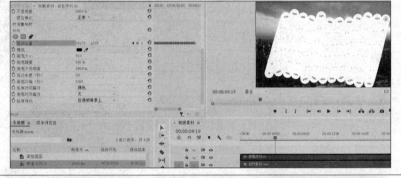
6. 在 V1 轨道添加"轨道遮罩键"效果； 在"效果控件"面板中对"轨道遮罩键"效果设置参数如下。 遮罩：视频 2(V2)； 合成方式：Alpha 遮罩。	
7. 使用"文字工具"添加一行文本，在"效果控件"面板中的"文本"参数添加"创建 4 点多边形蒙版"； 在"矢量运动"的"位置"参数间隔 3s 添加两个关键帧，调整一下 Y 轴的数值，完成文字上升的动态效果制作。	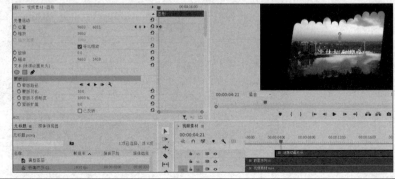

📽 任务评价

1. 自我评价

□ "调整图层"和"嵌套"的组合使用。

□ "书写"效果参数设置。

□ 用"书写"效果制作涂抹动画。

□ "轨道遮罩键"效果应用场合。

□ 了解"Alpha 遮罩"与"亮度遮罩"的区别与联系。

□ 建立文本"蒙版"。

□ 借助文本"蒙版"制作文字上升动画。

2. 教师评价

工作页完成情况：□ 优 □ 良 □ 合格 □ 不合格

任务七　手 写 字

班级：_____　姓名：_____　日期：_____　地点：_____　学习领域：Pr 动画

📖 任务目标

1. 进一步熟悉"基本图形"面板。

2. 对文字进行水平、垂直居中设置。

3. 掌握"书写"效果的关键帧动画设置。

4. 尝试对"中文"进行"书写"。

手写字

🎬 任务导入

登录 B 站或抖音等视频网站，观察用 Pr 制作的手写字动画，注意与 AE 的手写字制作进行比较。

👁 任务准备

准备手写字将要用到的视频素材及西文字体。

🔧 任务实施

步　骤	说明或截图
1. 启动 Pr 软件，在"项目"面板中导入一段视频素材，基于该视频素材新建一个序列； 使用"文字工具"输入一行文本。	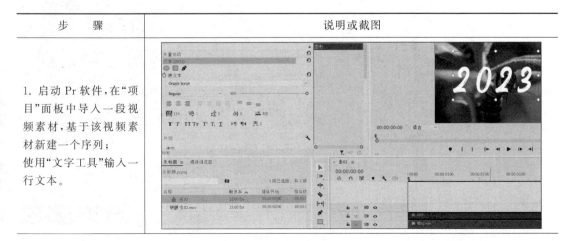

步　　骤	说明或截图
2. 在"基本图形"面板将文字进行水平、垂直居中设置。	
3. 选中文字,右击,执行"嵌套"菜单命令,从而使以下的"书写"效果更流畅。	
4. 在"效果控件"面板对"书写"效果设置参数如下。 颜色:红色; 画笔大小:29 左右; 画笔间隔:0.001。	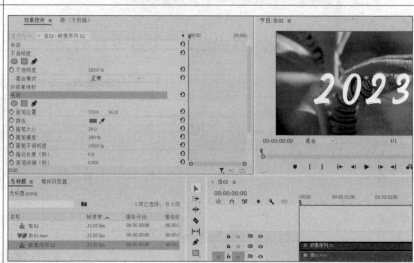

步　　骤	说明或截图
5. 在"效果控件"面板中单击"画笔位置"参数之前的关键帧按钮,添加关键帧;每次间隔3~5帧调整一下"画笔位置",如右图所示。	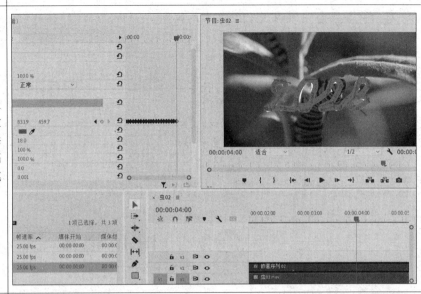
6. 继续在"效果控件"面板中将"书写"效果的"绘制样式"参数设置为"显示原始图像"。	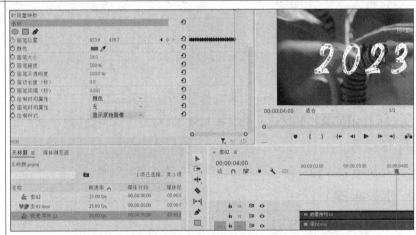
7. 完成最终的手写字动态效果制作。	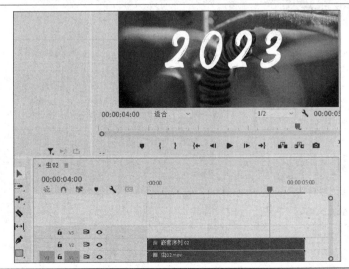

任务评价

1. 自我评价

☐ 在"效果控件"面板中设置文本的属性。

☐ 在"基本图形"面板中设置文本的属性。

☐ 文本的"字距调整"。

☐ 文本的"嵌套"操作。

☐ "书写"效果的"画笔间隔"项设置。

☐ 对"画笔位置"参数添加关键帧。

☐ "书写"效果的"绘制样式"项设置。

2. 教师评价

工作页完成情况：☐ 优 ☐ 良 ☐ 合格 ☐ 不合格

任务八 图片轮播

班级：＿＿＿＿＿ 姓名：＿＿＿＿＿ 日期：＿＿＿＿＿ 地点：＿＿＿＿＿ 学习领域：Pr 动画

图片轮播

任务目标

1. 学会用"矩形工具"制作边框。

2. 掌握嵌套序列的复制。

3. 学会"嵌套序列"中的内容替换。

4. 会用批量粘贴属性及批量添加效果,提高 Pr 的操作效率。

任务导入

登录 B 站或抖音等视频网站,观察 Pr 图片类动画作品。

任务准备

准备若干图片素材。

任务实施

步　　骤	说明或截图
1. 启动 Pr 软件,在"项目"面板中导入一批图片素材,全部拖曳至 V1 轨道; 对第一张图片进行缩放,然后使用"矩形工具"在其上绘制一个矩形方框。	

步　骤	说明或截图
2. 选中第一张图片及方框,执行"嵌套"; 在"效果控件"面板中单击"位置"参数之前的关键帧按钮,添加两个关键帧,分别设置预览画面方框以下和以上的两个位置。 注:起点、终点均在画面以外。	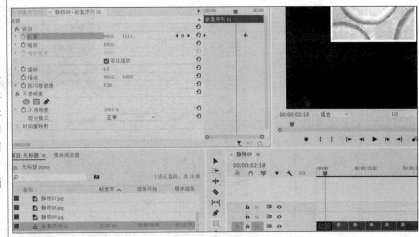
3. 在"项目"面板中对"嵌套序列"进行多次复制,准备进行图片替换。	
4. 将复制的多个"嵌套序列"拖曳至 V2 轨道;按住 Alt 键选中 A2 轨道上的音频,按 Del 键删除。	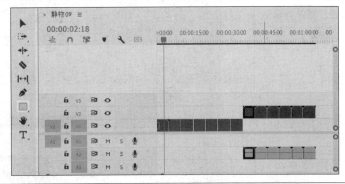
5. 双击复制的"嵌套序列"之一,替换图片,更改其边框和图片的大小。	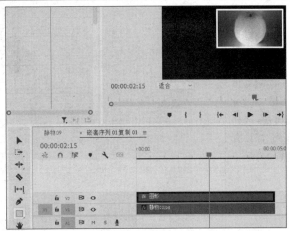

步　　骤	说明或截图
6. 拖曳调整好的"嵌套序列"至 V1 轨道并替换原有的图片素材。	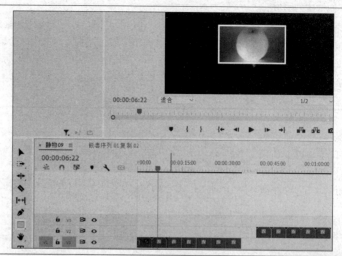
7. 重复步骤 6 的操作，将 V1 轨道上的图片全部替换成复制并调整好的"嵌套序列"。	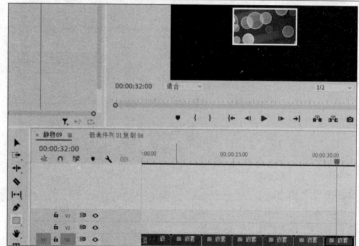
8. 选中第一个嵌套，按快捷键 Ctrl＋C 复制属性； 选中后面所有的"嵌套序列"，按快捷键 Ctrl＋Alt＋V 粘贴属性，这样全部"嵌套序列"都具有自下而上的运动效果。	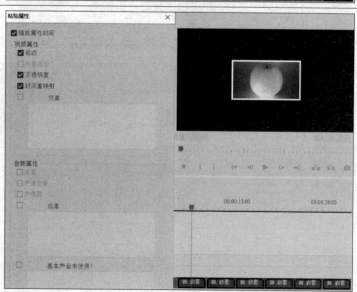

步　　骤	说明或截图
9. 更改"嵌套序列"的叠放次序并依次缩进，如右图所示。	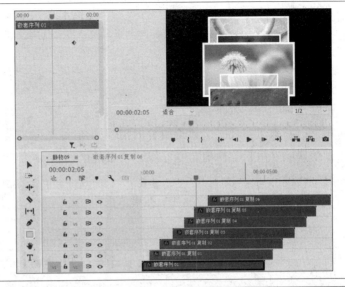
10. 选中全部轨道，在"效果"面板中双击"变换"，即对所有轨道添加"变换"效果。	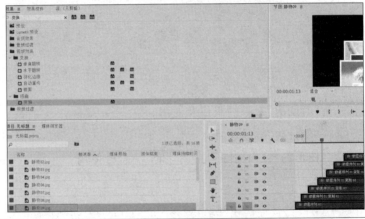
11. 在"效果控件"面板中对"变换"效果的"位置"参数进行调整，使各个轨道上的图片在空间错位排列，完成最终的图片轮播动画制作。	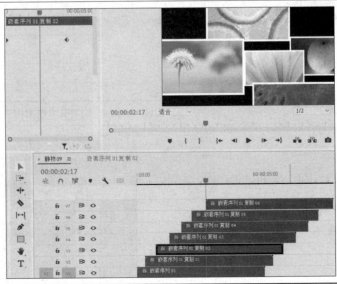

任务评价

1. 自我评价

□ 用"矩形工具"添加图片边框。

□ 在"项目"面板中复制"嵌套序列"。

□ "嵌套序列"中的内容替换及大小调整。

□ 批量"粘贴属性"操作。

□ 批量添加"变换"效果。

□ 用"变换"效果实现多个轨道内容的错位排列。

□ 了解"变换"效果与轨道自身"运动"效果的区别。

2. 教师评价

工作页完成情况：□ 优 □ 良 □ 合格 □ 不合格

任务九 倒 计 时

班级：_____ 姓名：_____ 日期：_____ 地点：_____ 学习领域：Pr 动画

倒计时

任务目标

1. 熟悉"项目"→"新建项"的组成。

2. 掌握"时间码"效果的组成及使用。

3. 掌握"倒计时"效果设置。

4. 学会图形的"径向擦除"与"倒计时"的组合使用。

任务导入

登录 B 站或抖音等视频网站,观察 Pr"倒计时"类动画作品。

任务准备

了解 Pr 中的动态文本构成方法。

任务实施

步　　骤	说明或截图
1. 启动 Pr 软件,在"项目"面板中单击下方的"新建项"按钮,新建一个透明视频。	

步 骤	说明或截图
2. 将"透明视频"拖曳至 V1 轨道,再将其时长设置为 60s。	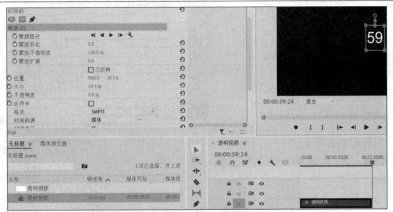
3. 在"透明视频"上添加"时间码"效果;在"效果控件"面板中将"时间显示"参数设置为 25,从而很好地匹配序列的时长。	
4. 在"效果控件"面板中单击"时间码"效果下方的"创建 4 点多边形蒙版"按钮;将"蒙版羽化"参数设置为 0,调整"蒙版路径"仅显示秒数。	
5. 对"透明视频"进行"嵌套"操作,右击,执行"剪辑速度/持续时间"菜单命令,在弹出的菜单中选择"倒放速度"。	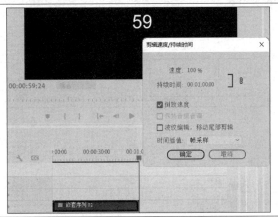

步　骤	说明或截图
6. 使用"椭圆工具"绘制一个正圆,在"基本图形"面板,设置参数如下。 填充:取消; 描边:白色、30 左右、内侧。	
7. 在"基本图形"面板,复制一个正圆,设置参数如下。 缩放:90 左右; 填充:取消; 描边:黄色、30 左右、内侧。	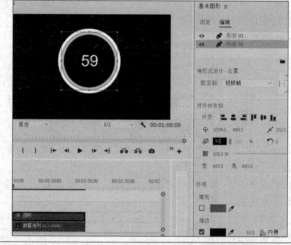
8. 对图形所在的 V2 轨道添加"径向擦除"效果; 在"效果控件"面板中对"径向擦除"参数设置如下。 起始角度:18°左右; 过渡完成:0~100。 如右图所示,完成倒计时效果制作。	

■ 任务评价

1. 自我评价

　□ 新建"透明视频"。

　□ 添加"时间码"效果。

□ 对"时间码"进行裁剪。

□ 设置"倒放速度"。

□ 用"椭圆工具"绘制正圆。

□ 在"基本图形"面板复制正圆并设定其属性。

□ 对图形运用"镜像擦除"效果。

2．教师评价

工作页完成情况：□ 优 □ 良 □ 合格 □ 不合格

任务十 进度条

班级：_____ 姓名：_____ 日期：_____ 地点：_____ 学习领域：Pr 动画

任务目标

1．学会圆角进度条的填充和描边。

2．会将"百叶窗"效果应用于进度条。

3．会用"裁剪"效果制作进度条动画。

4．学会"时间码"效果与数值的高效转换。

进度条

任务导入

观察影视作品中的进度条动画，分析并总结其制作技法。

任务准备

准备制作进度条的视频素材。

任务实施

步　　骤	说明或截图
1．启动 Pr 软件，在"项目"面板导入一段视频素材，将其拖曳至 V1 轨道，新建一个序列；使用"矩形工具"绘制一个矩形，在"基本图形"面板中调整角半径为50，得到一个圆角矩形。	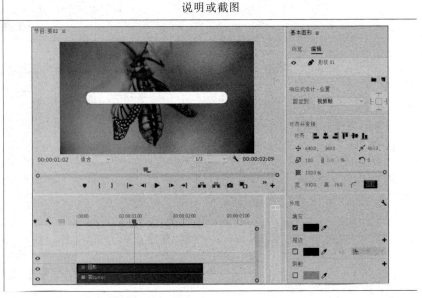

Premiere Pro非线性编辑案例教程

续表

步　骤	说明或截图
2. 按住 Alt 键不放,将圆角矩形拖曳至 V3 轨道,完成复制操作;在"基本图形"面板取消填充,执行"外侧"描边,宽度设定为 4。	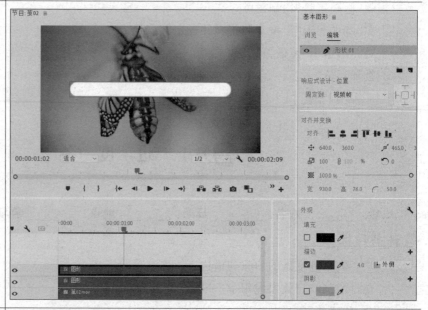
3. 在 V2 轨道添加"百叶窗"效果,在"效果控件"面板中设置"百叶窗"参数如下。过程完成:13%;宽度:54 左右。	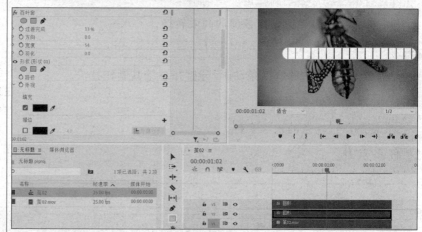
4. 继续在 V2 轨道添加"裁剪"效果;在"效果控件"面板中对"裁剪"效果的"右侧"参数添加两个关键帧,设置其值为 100~0。	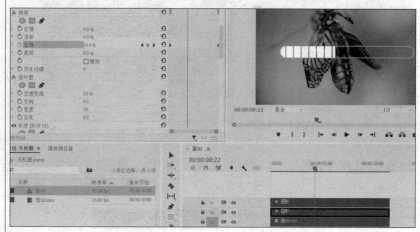

步　　骤	说明或截图
5. 在"项目"面板中新建一个与序列相匹配的透明视频,将其拖曳至V4轨道。	
6. 在 V4 轨道上添加"时间码"效果,在"效果控件"面板中设置"时间码"参数如下。 场符号:取消; 格式:帧; 时间码源:生成。	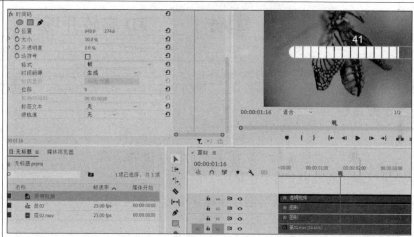
7. 使用"比例拉伸工具(R)"拖曳视频,使其时长与进度条动画、时间码数值相匹配,完成进度条动画制作。	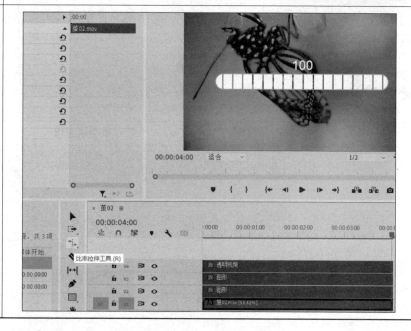

任务评价

1. 自我评价

□ 制作圆角进度条"填充"。

□ 制作圆角进度条"边框"。

□ "百叶窗"效果的运用。

□ 使用"裁剪"效果制作进度条动画。

□ "时间码"与数值的转换。

□ "时间码"与进度条动画匹配。

□ "比例拉伸工具"的运用。

2．教师评价

工作页完成情况：□ 优 □ 良 □ 合格 □ 不合格

任务十一　3D 旋转开场

班级：_____　姓名：_____　日期：_____　地点：_____　学习领域：Pr 动画

3D 旋转
开场

任务目标

1．会用圆角矩形制作 Logo。

2．掌握"垂直翻转"和"裁剪"效果的组合使用。

3．会用"基本 3D"效果。

4．会调节"速度曲线"，制作更加真实的变速运动。

任务导入

登录 B 站等视频网站，感受 Pr 制作的 3D 动画效果震撼之美。

任务准备

预习 Pr 中比较常用的"基本 3D"效果。

任务实施

步　骤	说明或截图
1．启动 Pr 软件，在"项目"面板中单击"新建项"按钮，新建一个浅灰色的"颜色遮罩"； 将其"颜色遮罩"拖曳至 V1 轨道。	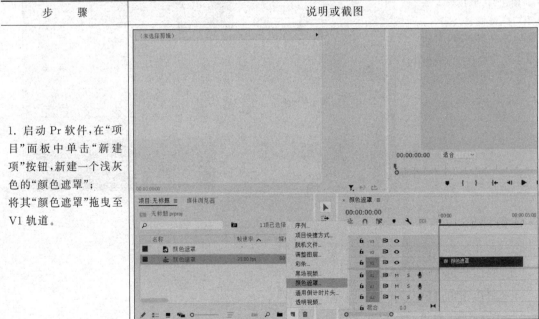

步　骤	说明或截图
2. 在"项目"面板中单击"新建项"按钮,新建一个 800px×1200px 的"序列",用于制作 Logo 图标。	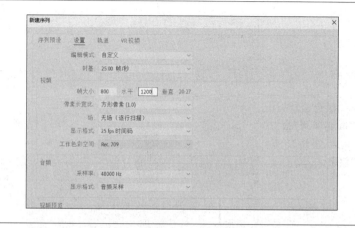
3. 使用"矩形工具"和"文字工具"绘制一个 Logo 图标。 注:矩形的圆角半径为 60。	
4. 按住 Alt 键不放,拖曳图形至 V2 轨道,完成图形的复制; 添加"垂直翻转"和"裁剪"效果,调整参数如右图所示,得到一个 Logo 的"倒影"。 选中 V1、V2 两个轨道上的图形,进行"嵌套"操作。	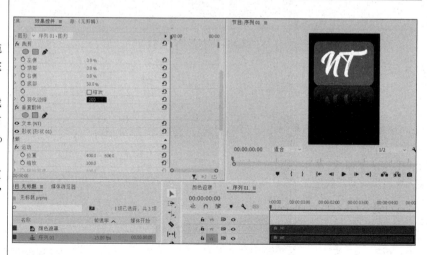

步　　骤	说明或截图
5. 返回"颜色遮罩"序列,将"嵌套序列"拖曳至 V2 轨道,再添加"基本 3D"效果。	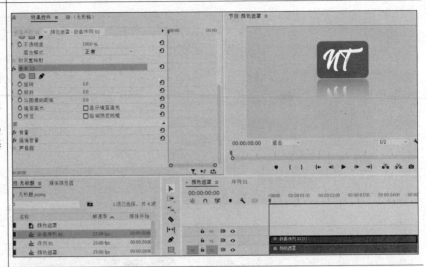
6. 在"效果控件"面板中对"基本 3D"效果的"旋转"参数添加三个关键帧; 选中全部关键帧,右击,执行"缓入、缓出"菜单命令。	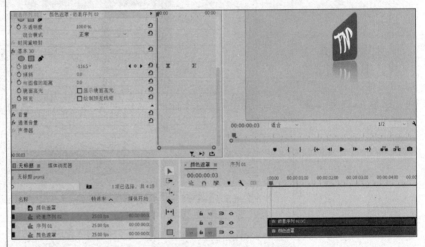
7. 展开"基本 3D"→"旋转"参数,调整三个关键帧速度曲线,制作先快后慢的动画效果。	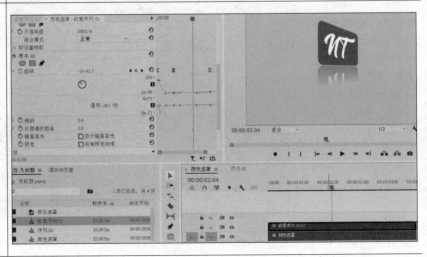

步　骤	说明或截图
8. 继续添加"方向模糊"效果； 在"效果控件"面板中对"方向模糊"效果设置参数如下。 方向：90； 模糊长度：0～10～2～8～0； 完成最终的 3D 旋转开场动画制作。	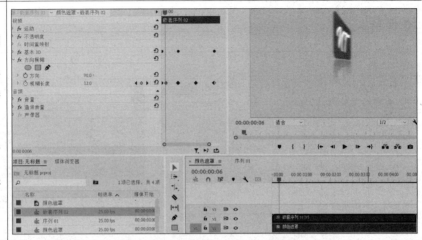

任务评价

1. 自我评价

□ 指定角半径的圆角矩形绘制。

□ "垂直翻转"效果的运用。

□ "垂直翻转"和"裁剪"效果组合使用，制作物体"倒影"。

□ "基本 3D"效果的运用。

□ 设置关键帧的"缓入、缓出"。

□ 先快后慢的"速度曲线"调整。

□ "方向模糊"效果的运用。

2. 教师评价

工作页完成情况：□ 优 □ 良 □ 合格 □ 不合格

任务十二　跟踪蒙版

班级：_____　姓名：_____　日期：_____　地点：_____　学习领域：Pr 动画

任务目标

1. 学会任意形状的蒙版绘制。

2. 掌握蒙版跟踪的方法。

3. 开启蒙版"自动跟踪"并做动态调整。

4. 注意与 AE Mocha 跟踪效果比较。

跟踪蒙版

任务导入

登录 B 站等视频网站，感受 Pr"人挡字"类作品的技术和艺术之美。

◉ **任务准备**

准备"人挡字"类视频素材。

⚒ **任务实施**

步　骤	说明或截图
1. 启动 Pr 软件,在"项目"面板中导入一段视频素材,将其拖曳至 V1 轨道,新建一个序列。	
2. 删除视频素材的音频,使用"文字工具"输入文本,使其时长与视频相一致。	
3. 复制 V1 轨道上的视频素材至 V3 轨道;在"效果控件"面板中的"不透明度"项,沿着人的轮廓,使用钢笔绘制如图所示的蒙版。	

步　　骤	说明或截图
4. 移动"当前时间指示器"至开头的位置,再单击"向前跟踪所选蒙版"按钮。	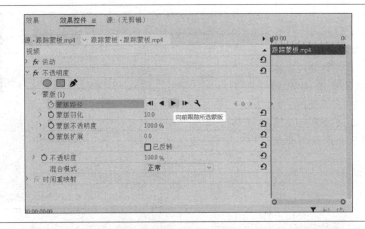
5. 开启蒙版的自动跟踪,直到进度为100%。	
6. 对蒙版初步跟踪的结果要精修,即调整各关键帧上蒙版的位置及形状。 注:这个过程较漫长,需要有足够的耐心。	

步 骤	说明或截图
7. 依据相对运动,人向右走,文字应向相反的方向适当移动,故对文本的"位置"添加两个关键帧,使之缓慢向左运动,完成跟踪蒙版动画制作。	

任务评价

1. 自我评价

☐ 理解轨道叠加原理。

☐ Pr 蒙版的基本类型。

☐ 用钢笔绘制任意形状蒙版。

☐ 了解"跟踪方法"(蒙版路径后的"扳手"图标)。

☐ 开启蒙版"自动跟踪"。

☐ "跟踪蒙版"的位置及形状调整。

☐ 理解人和字的相对运动。

2. 教师评价

工作页完成情况:☐ 优 ☐ 良 ☐ 合格 ☐ 不合格

任务十三 RGB 颜色分离

班级:_____ 姓名:_____ 日期:_____ 地点:_____ 学习领域:Pr 动画

任务目标

1. 用 Color Balance(RGB)进行轨道颜色分离。

2. 掌握错位法分离 RGB 颜色。

3. 掌握错帧法分离 RGB 颜色。

4. 用"VR 数字故障"效果进行 RGB 颜色分离。

RGB 颜色
分离

任务导入

登录 B 站或抖音等视频网站,学习在 Pr 中常用的 RGB 颜色分离方法。

任务准备

准备可用于 RGB 颜色分离的视频素材。

✖ 任务实施

步　　骤	说明或截图
1. 启动 Pr 软件，在"项目"面板中导入一段视频素材，将其拖曳至 V1 轨道，新建一个序列。	
2. 复制 V1 轨道至 V2、V3 轨道。	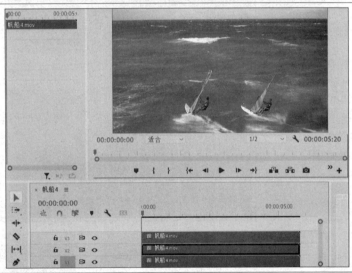
3. 同时选中三个轨道，在"效果"面板中双击 Color Balance（RGB）效果，即将此效果同时添加至三个轨道。	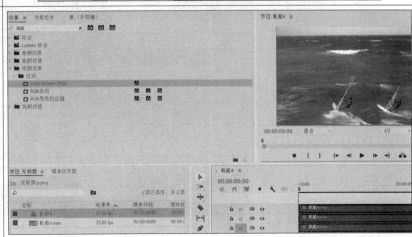

步　骤	说明或截图
4. 在"效果控件"面板中调整各轨道的"不透明度"→"混合模式"及Color Balance(RGB)效果的参数。 V3：混合模式为滤色；Red 为 100；Green 为 0；Blue 为 0； V2：混合模式为滤色；Red 为 0；Green 为 100；Blue 为 0； V1：混合模式为正常；Red 为 0；Green 为 0；Blue 为 100。	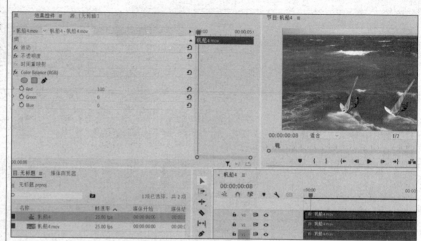
5. 调整 V2、V3 两个轨道上视频素材的位置，在 X 轴原有数值 640px 的基础上，分别加、减 12px，得到 RGB 颜色分离的动画效果。	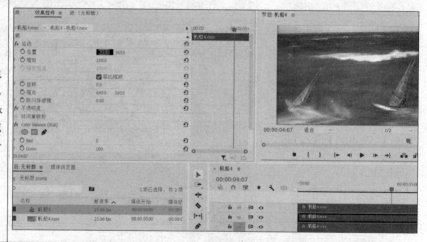
6. 此外，将 V1~V3 三个轨道各错位 1 帧排列，同样得到 RGB 颜色分离的动画效果。	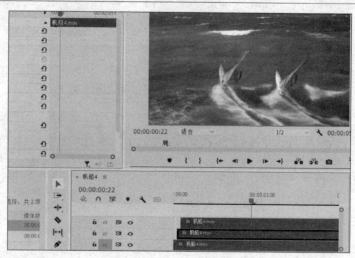

步　骤	说明或截图
7. RGB 颜色分离的另一种方法： 添加"VR 数字故障"效果，将"扭曲"参数中"颜色扭曲"的值设置为100 左右，其他项的值归零。	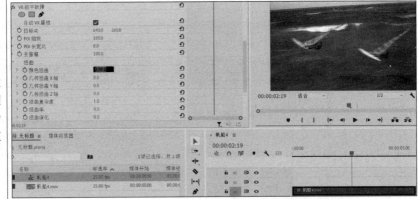

任务评价

1. 自我评价

□ 在 Color Balance(RGB)效果中设置轨道为红色。

□ 在 Color Balance(RGB)效果中设置轨道为绿色。

□ 在 Color Balance(RGB)效果中设置轨道为蓝色。

□ 设置轨道混合模式为"滤色"。

□ 用"错位"排列法实现 RGB 颜色分离。

□ 用"错帧"排列法实现 RGB 颜色分离。

□ "VR 数字故障"效果的运用。

2. 教师评价

工作页完成情况：□ 优　□ 良　□ 合格　□ 不合格

任务十四　残影分离

班级：_____　姓名：_____　日期：_____　地点：_____　学习领域：Pr 动画

任务目标

1. 学会用缩放、错帧和错位的方法制作"残影"。

2. 掌握"混合模式"与"不透明度"的组合使用。

3. 学会用"VR 色差"效果分离 RGB。

4. 掌握"残影"效果的参数调整。

残影分离

任务导入

登录 B 站或抖音等视频网站，学习 Pr 残影类动画作品。

任务准备

准备用于残影制作的视频素材。

⚒ 任务实施

步 骤	说明或截图
1. 启动 Pr 软件,在"项目"面板中导入一段视频素材,将其拖曳至 V1 轨道,新建一个序列。	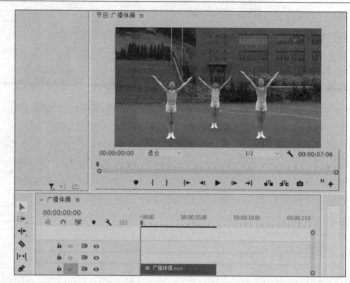
2. 复制 V1 轨道至 V2、V3 轨道; V2、V3 轨道依次内缩 3 帧,然后将其不透明度调整至 80% 以下,残影效果初步形成。	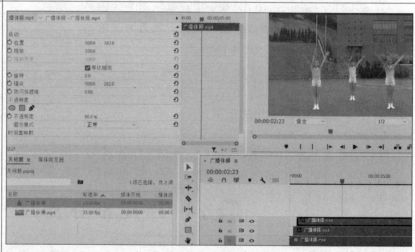
3. 在"效果控件"面板中将 V2、V3 两个轨道的混合模式设置为"滤色",再将其不透明度调整至 40% 左右。	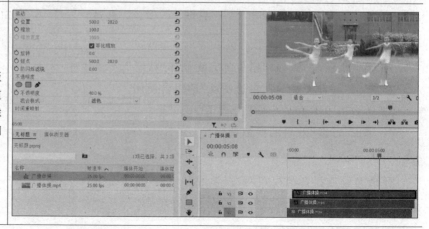

步　骤	说明或截图
4. 将 V1～V3 轨道全部选中,双击"效果"面板中的"VR 色差",给三个轨道同时添加此效果。	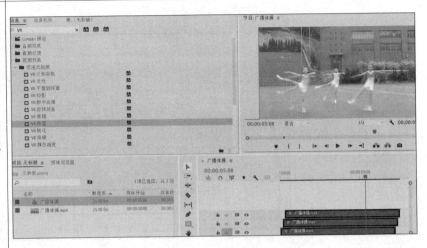
5. 在"效果控件"面板中对"VR 色差"效果的"色差"参数进行调整,完成残影＋RGB 分离的效果制作。	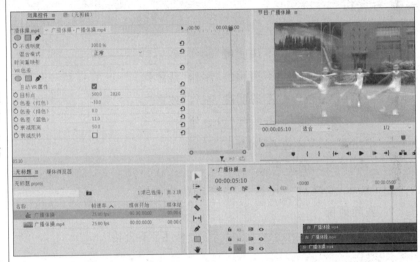
6. 残影分离的另一种制作方法如下。 在 V1 轨道上添加"残影"效果,然后在"效果控件"面板中对"残影"效果参数设置如下。 残影时间:－0.1; 残影数量:3; 衰减:0.35 左右; 残影运算符:从后至前组合。	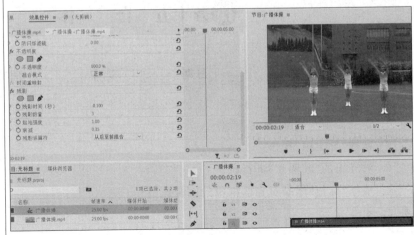

步　　骤	说明或截图
7.继续添加"VR色差"效果,在"效果控件"面板中调整"色差"的数值,完成"残影分离"的效果制作。	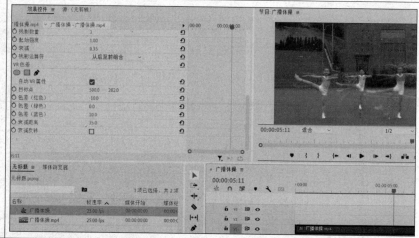

🎬 **任务评价**

　　1.自我评价

　　□ 尝试用"缩放"+"不透明度"制作"残影"。

　　□ 尝试用"错帧"+"不透明度"制作"残影"。

　　□ 尝试用"错位"+"不透明度"制作"残影"。

　　□ "混合模式"与"不透明度"组合使用。

　　□ 批量添加"VR色差"效果。

　　□ "残影"效果的运用。

　　□ "残影"效果与"VR色差"效果的组合使用。

　　2.教师评价

　　工作页完成情况:□ 优 □ 良 □ 合格 □ 不合格

任务十五　合　　体

　　　　　班级:＿＿＿＿＿姓名:＿＿＿＿＿日期:＿＿＿＿＿地点:＿＿＿＿＿学习领域:Pr动画

合体

📖 **任务目标**

　　1.学会添加及删除"标记"操作。

　　2.掌握"导出帧"操作。

　　3.对导出的"帧图片"进行抠像。

　　4.依据"标记"尾端对齐已抠像的图片。

🔊 **任务导入**

　　登录B站等视频网站,感受Pr作品的艺术创作之美。

◉ 任务准备

准备制作"合体"的视频素材。此外,复习在 Photoshop 中如何对图片进行"去背"处理并导出 png 格式的图片。

✕ 任务实施

步　　骤	说明或截图
1. 启动 Pr 软件,在"项目"面板中导入一段视频素材,将其拖曳至 V1 轨道,新建一个序列。	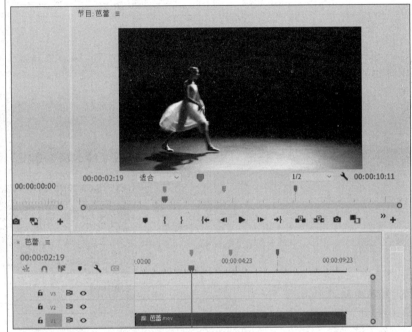
2. 在 V1 轨道上将当前时间指示器移动到三处指定的位置,分别按 M 键做好"标记"; 在第 1 个"标记"处,单击"节目"面板下方的"导出帧"按钮。 注:快捷键 Ctrl＋Alt＋M 可删除所选"标记";快捷键 Ctrl ＋ Alt ＋ Shift＋M 可删除所有"标记"。	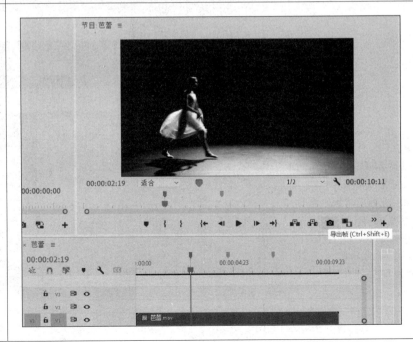

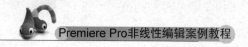
续表

步　　骤	说明或截图
3. 在"导出帧"对话框中对图形命名并存储为png格式,同时选中"导入到项目中"。	
4. 导出的 3 个 png 格式图片出现在"项目"面板中。	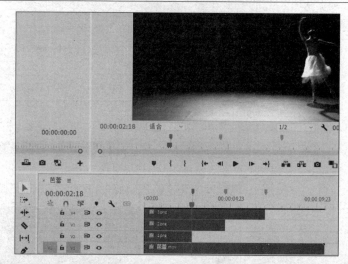
5. 将 3 个 png 格式的图片拖曳至 V2~V4 轨道上,选择图片的末端对齐各个"标记"。	
6. 在"效果控件"面板的"不透明度"项,使用钢笔绘制如右图所示的任意形状蒙版。 注:此处的蒙版绘制要尽量精确,最好是在Photoshop 中对三个png 格式的图片进行"去背"处理。	

步　骤	说明或截图
7. 人舞到"标记"之处图片消失,最终的"合体"动画制作完成。	

任务评价

1. 自我评价

□ 添加"标记"的快捷键。

□ 删除"标记"的快捷键。

□ 找到"项目"面板中的"新建项"按钮。

□ "导出帧"及图片格式设置。

□ 将导出的图片在轨道上对齐"标记"。

□ 在 Pr 中完成图片的"抠像"。

□ 了解 Pr"抠像"与 AE、PS"抠像"的区别与联系。

2. 教师评价

工作页完成情况:□ 优 □ 良 □ 合格 □ 不合格

任务十六　玻 璃 文 字

班级:＿＿＿＿　姓名:＿＿＿＿　日期:＿＿＿＿　地点:＿＿＿＿　学习领域:Pr 动画

任务目标

1. 熟悉 Pr 的水平翻转、垂直翻转及镜像操作。

2. 学会"轨道遮罩键"的参数设置。

玻璃文字

3. 掌握"斜面 Alpha"效果的运用。

4. 学会"矢量运动"项的动画设置,提高作品的精细程度。

任务导入

登录 B 站或抖音等视频网站,学习 Pr 透明玻璃类动画作品。

任务准备

准备用于制作 Pr 透明玻璃类作品的视频素材。

任务实施

步　　骤	说明或截图
1. 启动 Pr 软件,在"项目"面板中导入一段视频素材,将其拖曳至 V1 轨道,新建一个序列。	
2. 复制 V1 轨道至 V2 轨道,在 V2 轨道上添加"水平翻转"效果。	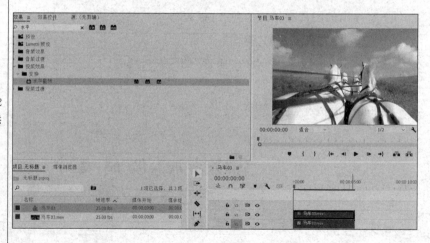

步　　骤	说明或截图
3. 使用"文字工具"输入一行文本,在"基本图形"面板中设置文字的属性并居中。	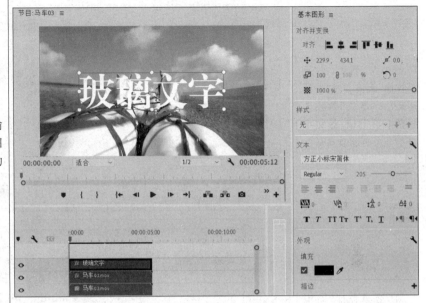
4. 在 V2 轨道上添加"轨道遮罩键"效果;在"效果控件"面板中对其参数设置如下。 遮罩:视频 3(即文字); 合成方式:Alpha 遮罩。	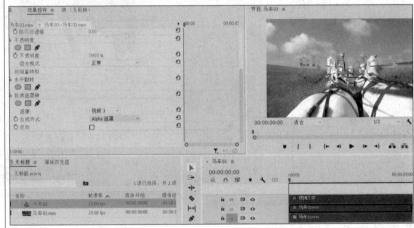
5. 继续对 V2 轨道添加"斜面 Alpha"效果,在"效果控件"面板中对其参数设置如下。 边缘厚度:4.5 左右; 光照角度:-27°左右。	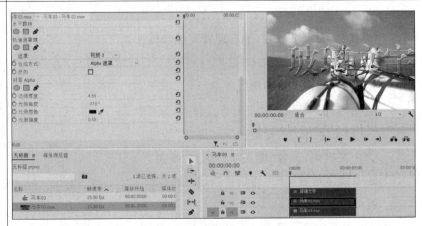

步　　骤	说明或截图
6. 选中 V3 轨道,在"效果控件"面板中对"矢量运动"→"缩放"参数选择两个关键帧,做文字自小至大的缩放动画。	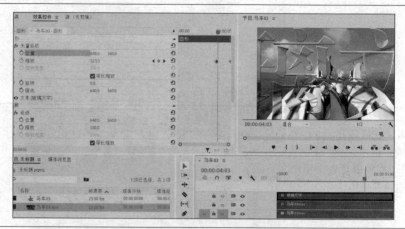
7. 在"效果控件"面板中选中两个关键帧,右击,执行"缓入、缓出"菜单命令; 展开"矢量运动"→"缩放"参数,调整速度曲线如右图所示,制作"先慢后快"的缩放动画效果。	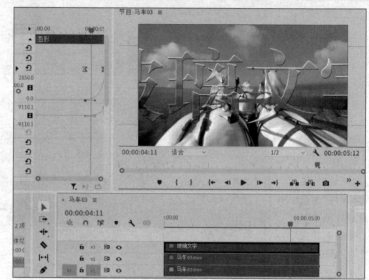

■ 任务评价

1. 自我评价

□ 了解 Pr 的水平翻转、垂直翻转及镜像操作。

□ 设置对象的"水平翻转"。

□ 正确运用"轨道遮罩键"。

□ 运用"斜面 Alpha"效果制作立体浮雕。

□ "玻璃文字"的"矢量运动"→"缩放"动画。

□ 选中关键帧,设置"缓入"与"缓出"效果。

□ 调节速度曲线呈"先慢后快"效果。

2. 教师评价

工作页完成情况:□ 优 □ 良 □ 合格 □ 不合格

任务十七　玻璃划过

班级：_____ 姓名：_____ 日期：_____ 地点：_____ 学习领域：Pr 动画

任务目标

1. 熟悉 Lumetri 面板的组成及使用。
2. 学会在"基本图形"面板新建图形。
3. 学会在"基本图形"面板调整图形。
4. 掌握"缩放""投影"和"轨道遮罩键"的组合使用，打造玻璃质感。

玻璃划过

任务导入

学习 Pr 玻璃类作品的设计和制作方法，提高作品的观赏性。

任务准备

准备在 Pr 中用于制作玻璃质感的视频素材。

任务实施

步　骤	说明或截图
1. 启动 Pr 软件，在"项目"面板中导入一段视频素材，将其拖曳至 V1 轨道，新建一个序列。	
2. 复制 V1 轨道至 V2 轨道，在 Lumetri 面板中使用"曲线"选项栏的 RGB 曲线调整画面亮度； 在"效果控件"面板中将"运动"→"缩放"参数调整到 105 左右。	

步　　骤	说明或截图
3. 在"基本图形"面板中新建两个矩形,调整其旋转角度为119°左右。	
4. 在 V2 轨道上添加"轨道遮罩键"效果。 在"效果控件"面板中对其参数设置如下。 遮罩:视频3(V3 轨道); 合成方式:Alpha 遮罩。	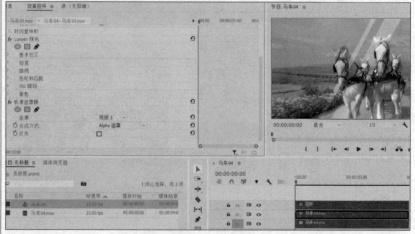
5. 在 V2 轨道上添加"投影"效果,在"效果控件"面板中对其参数设置如下。 阴影颜色:白色; 距离:0; 柔和度:20 左右。	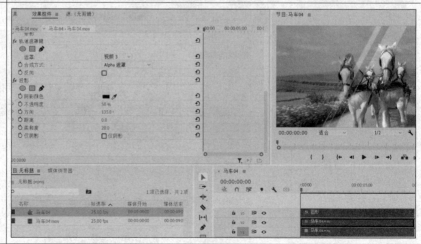

步　　骤	说明或截图
6. 继续在 V2 轨道上添加"投影"效果,在"效果控件"面板中对其参数设置如下。 阴影颜色:黑色; 距离:3 左右; 柔和度:13 左右。	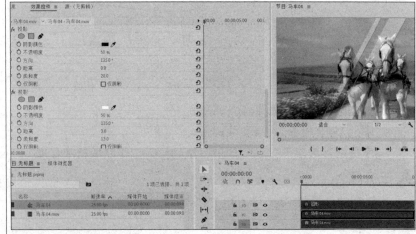
7. 选中 V3 轨道,在"效果控件"面板中对"矢量运动"→"位置"参数添加四个关键帧,调整图形的位置,完成玻璃划过的动效制作。	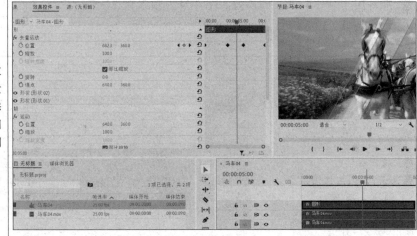

任务评价

1. 自我评价

□ Lumetri 面板的调用。

□ 使用"矩形工具"新建矩形。

□ 在"基本图形"面板中新建矩形。

□ 在"基本图形"面板中调整矩形的大小及旋转。

□ 再次使用"轨道遮罩键"效果。

□ "二次投影"打造玻璃质感。

□ "双矩形"图形运动动画设置。

2. 教师评价

工作页完成情况:□ 优 □ 良 □ 合格 □ 不合格

任务十八　磨砂玻璃文字

班级：_____　姓名：_____　日期：_____　地点：_____　学习领域：Pr 动画

磨砂玻璃
文字

📑 任务目标

1. 学会在"调整图层"上添加多个效果。

2. 掌握"高斯模糊"效果参数调整。

3. 掌握"复合模糊"效果参数调整。

4. 掌握磨砂玻璃的"亮边"效果制作，提高 Pr 作品的精细程度。

🗳 任务导入

登录 B 站等视频网站，学习用 Pr 制作磨砂玻璃类动效。

👁 任务准备

准备用于制作磨砂玻璃动效的图片及视频素材。

⚒ 任务实施

步　骤	说明或截图
1. 启动 Pr 软件，在"项目"面板中导入一批图片及视频素材； 将"纹理 1"图片拖曳至 V1 轨道，新建一个序列； 使用"文字工具"输入三行文本。	
2. 将 V1～V2 轨道同时选中，右击，执行"嵌套"菜单命令。	

步　骤	说明或截图
3. 将视频素材拖曳至V2轨道,然后新建一个调整图层,将其拖曳至V3轨道,匹配序列时长。	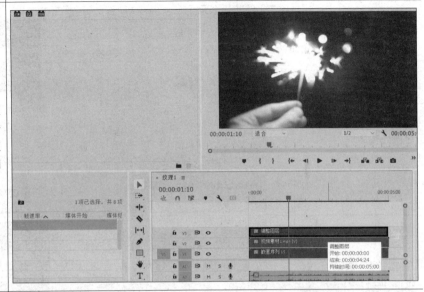
4. 在调整图层依次添加"高斯模糊"和"复合模糊"两个效果。	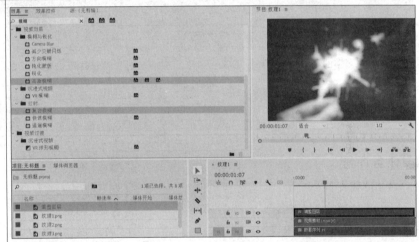
5. 在"效果控件"面板中对"高斯模糊"效果调整参数如下。 模糊度：60 左右； 重复边缘像素：选中。 对"复合模糊"效果调整参数如下。 模糊图层：视频 1(V1)； 最大模糊：120 左右； 伸缩对应图以适合：选中； 反转模糊：选中。	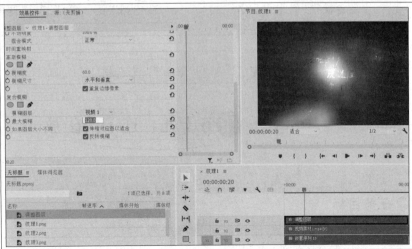

步　骤	说明或截图
6. 在 V3 轨道的"不透明度"项,创建椭圆形蒙版,再将"蒙版羽化"的数值设置为 0。	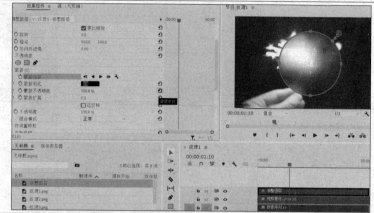
7. 复制 V3 轨道至 V4 轨道,再选中 V3 轨道,在"效果控件"面板中设置"缩放"为 101,"混合模式"为"滤色",从而完成磨砂玻璃文字的动效制作。	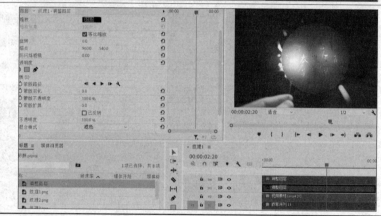

任务评价

1. 自我评价

□ 多个轨道的"嵌套"。　　　　　　　　□ 新建"调整图层"。

□ "高斯模糊"效果设定。　　　　　　　□ "高斯模糊"参数调整。

□ "复合模糊"效果设定。　　　　　　　□ "复合模糊"参数调整。

□ 轨道"混合模式"的更改。

2. 教师评价

工作页完成情况:□ 优 □ 良 □ 合格 □ 不合格

任务十九　连续缩放

班级:_____ 姓名:_____ 日期:_____ 地点:_____ 学习领域:Pr 动画

连续缩放

任务目标

1. 学会用"剪辑速度/持续时间"调整序列总时长。

2. 掌握多个属性的"复制"。

3. 学会批量"粘贴属性"及轨道叠加。

4. 掌握 Pr 的批量作业方法,提高作品的制作效率。

任务导入

登录 B 站等视频网站,观察多个图片连续缩放的 Pr 动效。

任务准备

准备用于制作连续缩放动效的图片及音频素材。

任务实施

步　　骤	说明或截图
1. 启动 Pr 软件,在"项目"面板中导入一批图片及音频素材。 将全部图片拖曳至 V1 轨道,新建一个序列。	
2. 选中 V1 轨道,右击,执行"剪辑速度/持续时间"菜单命令,在弹出的对话框中设定"持续时间"为 20 帧,并将"波纹编辑,移动尾部剪辑"项选中。	

步　　骤	说明或截图
3. 对于尺寸和序列不匹配的图片进行调整，然后对其执行"嵌套"操作，以便能批量进行统一缩放操作。	
4. 选中第1张图片，在"效果控件"面板中对"缩放""不透明度"项添加关键帧，即： 缩放为100～300； 不透明度为0～100～0。	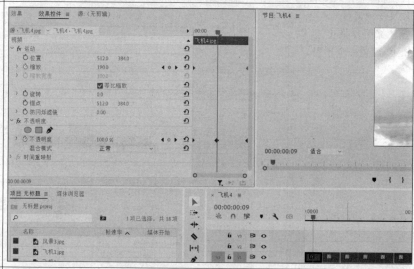
5. 在"效果控件"面板选中"运动""不透明度"两项，按快捷键 Ctrl＋C 将其复制到剪贴板。	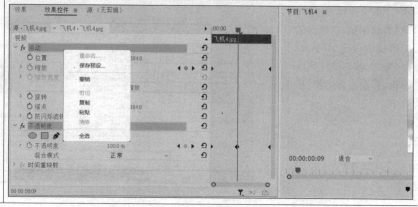

步骤	说明或截图
6. 在 V1 轨道选中后面所有图片，按快捷键 Ctrl＋V 粘贴第 1 张图片的属性。	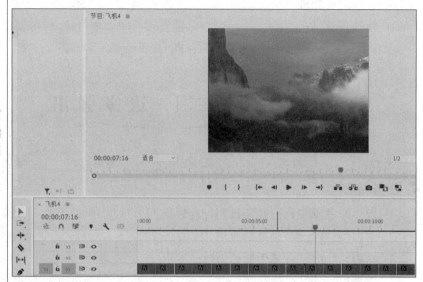
7. 选中 V1 轨道后面的 8 张图片，将其拖曳至 V2 轨道，对齐到 V1 轨道第 1 张图片的中心；再将音频素材拖曳至 A1 轨道，末端对齐并切割掉后面多余的部分，完成连续缩放的动效制作。	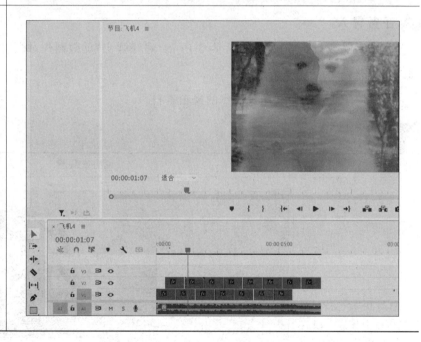

任务评价

1. 自我评价

□ 用"剪辑速度/持续时间"调整序列总时长。

□ 理解图片尺寸调整并做"嵌套"的意义。

□ 图片的"缩放"和"不透明度"组合应用。

□ 多个属性的"复制"。

☐ 批量粘贴属性。

☐ 轨道叠加操作。

☐ 音频素材处理。

2. 教师评价

工作页完成情况：☐ 优 ☐ 良 ☐ 合格 ☐ 不合格

任务二十　边缘弹出

班级：_____　姓名：_____　日期：_____　地点：_____　学习领域：Pr 动画

边缘弹出

📖 任务目标

1. 进一步熟悉素材分割及添加过渡效果。

2. 掌握"查找边缘"效果的使用。

3. 学会在"变换"效果中制作动效。

4. 掌握"色彩"效果的运用。

🔰 任务导入

登录 B 站或抖音等视频网站,学习 Pr 的"边缘弹出"动效制作,并分析其制作技法。

👁 任务准备

准备用于"边缘弹出"动效制作的视频素材。

⚒ 任务实施

步　　骤	说明或截图
1. 启动 Pr 软件,在"项目"面板中导入一段视频素材,将其拖曳至 V1 轨道,新建一个序列。	

步 骤	说明或截图
2. 在 V1 轨道将素材分割成两段,在第一段添加"查找边缘"效果,在"效果控件"面板中将其"反转"选中。 注:素材分割的快捷键是 Ctrl＋K(分割单轨道)和 Ctrl＋Shift＋K(分割所有轨道)。	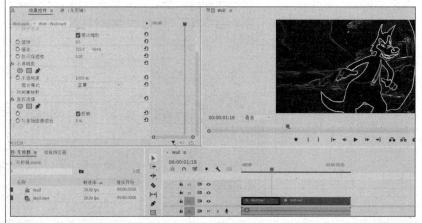
3. 在分割的两段素材之间添加"交叉溶解"效果; 在"效果控件"面板中将"交叉溶解"的持续时间设定为 15 帧。	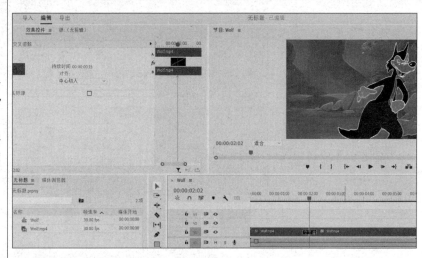
4. 选中 V1 轨道的后半段素材,复制一份至 V2 轨道; 在 V2 轨道添加"查找边缘""变换"和"色彩"三种效果。	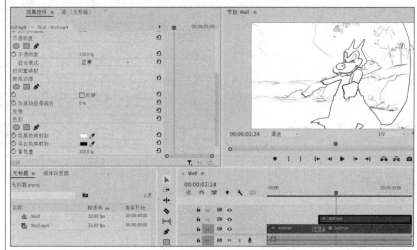

续表

步　　骤	说明或截图
5. 继续选中 V2 轨道，在"效果控件"面板的"不透明度"项，将混合模式设置为"线性减淡（添加）"。	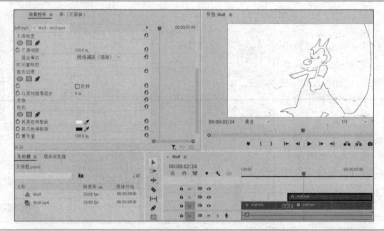
6. 继续在"效果控件"面板中将"查找边缘"→"反选"参数选中；展开"变换"参数，对缩放、不透明度添加关键帧，其中，缩放为 100～150；不透明度为 0～100～0。	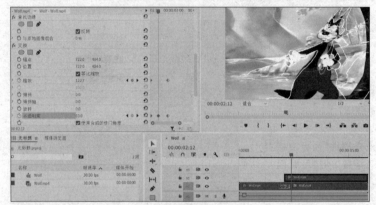
7. 展开"效果控件"面板中的"色彩"参数，"将白色映射到"参数的颜色设置为青色，完成"边缘弹出"的动效制作。	

📽 **任务评价**

1. 自我评价

□ 复习素材分割的快捷键。

□ "交叉溶解"效果的范围及参数调整。

□ "查找边缘"效果的运用。

□ "查找边缘"→"反转"效果的运用。

□ "查找边缘"效果与轨道"混合模式"的组合使用。

□ 在"变换"效果中同时设定缩放、不透明度。

□ 掌握"色彩"效果设定。

2. 教师评价

工作页完成情况：□ 优 □ 良 □ 合格 □ 不合格

任务二十一 拍 照

班级：＿＿＿＿ 姓名：＿＿＿＿ 日期：＿＿＿＿ 地点：＿＿＿＿ 学习领域：Pr 动画

拍照

📖 任务目标

1. 学会"插入帧定格分段"操作。

2. 使用"油漆桶"效果进行描边。

3. 使用"高斯模糊"效果打造虚实结合的画质。

4. 对多种描边方式进行总结，如径向阴影、矩形工具和油漆桶等。

🏃 任务导入

观察 Pr 的动态拍照类作品，学会"动中取静"的方法。

👁 任务准备

准备拍照音效素材及视频素材。

🔧 任务实施

步　　骤	说明或截图
1. 启动 Pr 软件，在"项目"面板中导入一段视频素材，将其拖曳至 V1 轨道，新建一个序列。	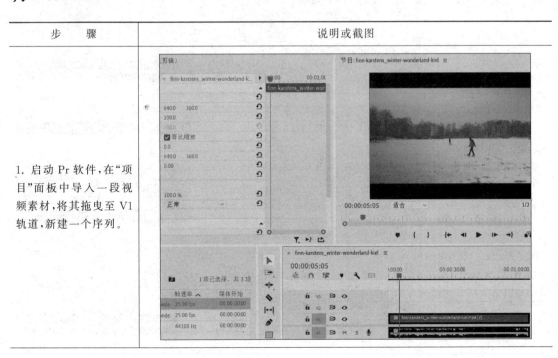

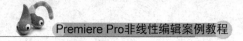

续表

步　　骤	说明或截图
2. 在 V1 轨道右击,执行"插入帧定格分段"菜单命令,拟将视频素材分割成三个部分。	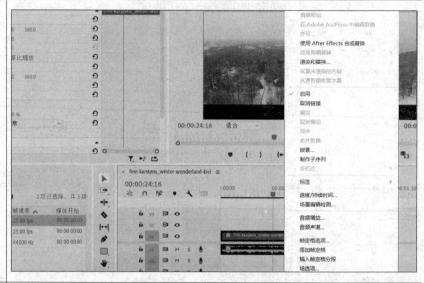
3. 将分割的第二段素材复制到 V2 轨道,在其上添加"裁剪"和"变换"效果,用"裁剪"去除上下黑边,用"变换"→"缩放"参数将其缩小至62%左右。	
4. 选中 V2 轨道,继续添加"油漆桶"效果,在"效果控件"面板中对其参数设置如下。 填充选择器:Alpha通道; 描边:描边; 描边宽度:4.5左右; 颜色:白色。	

步　　骤	说明或截图
5. 在"效果控件"面板中展开"变换"参数,对缩放、旋转各添加两个关键帧; 选中所有关键帧,右击,执行"自动贝塞尔曲线"菜单命令。	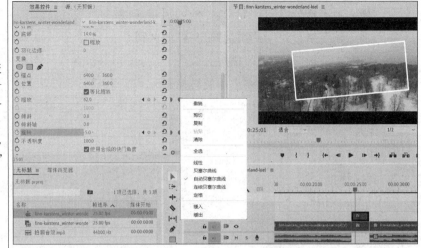
6. 选中 V1 轨道中间段的素材,添加"高斯模糊"效果,在"效果控件"面板中设置"模糊度"为 20 左右,形成虚实结合的画面效果。	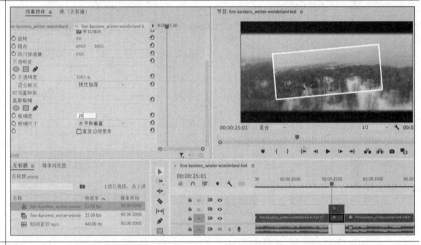
7. 在 A1 轨道添加"拍照"音效,完成最终的效果制作。	

■ 任务评价

1. 自我评价

□ "插入帧定格分段"与"导出帧"的区别。

□ "插入帧定格分段"与"添加帧定格"的区别。

□ 使用"油漆桶"效果进行描边。

□ 在"变换"效果中设置缩放加旋转动画。

□ 设置关键帧为"自动贝塞尔曲线"。

□ 添加"高斯模糊"效果。

□ 添加"拍照"音效。

2. 教师评价

工作页完成情况：□ 优 □ 良 □ 合格 □ 不合格

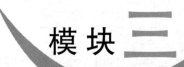

模块三

转场制作

任务一 视频过渡

班级：_____ 姓名：_____ 日期：_____ 地点：_____ 学习领域：Pr 转场

视频过渡

📖 任务目标

1. 熟悉 Pr 中的视频过渡、音频过渡两项。

2. 用多种方法制作视频的淡入、淡出效果。

3. 用多种方法制作音频的淡入、淡出效果。

4. 掌握常用的"黑场过渡""风车"和"急摇"等 Pr 内置过渡效果，可降低难度、提高效率。

🎬 任务导入

用心体会影视作品镜头切换中的创作和艺术之美。

👁 任务准备

准备用于制作转场的多段音视频素材。

⚒ 任务实施

步　骤	说明或截图
1. 启动 Pr 软件，在"项目"面板中导入三段视频、一段音频素材，将三段视频素材拖曳至 V1 轨道，新建一个序列。	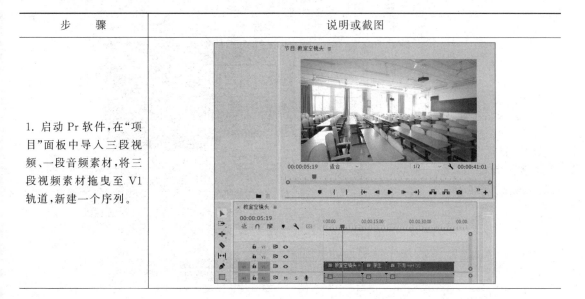

步　　骤	说明或截图
2. 按住 Alt 键再选中三段视频素材对应的三段音频，按 Del 键进行删除； 将导入的音频素材拖曳至 A1 轨道，分割、切除，并对齐到 V1 轨道的尾端。	
3. 在 V1 轨道的首、尾端添加"黑场过渡"效果，实现画面的淡入、淡出效果。	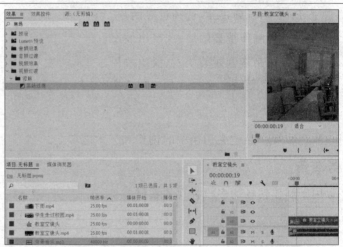
4. 双击"黑场过渡"效果，可打开"设置过渡持续时间"对话框，此处与"效果控件"面板一样，可更改过渡的"持续时间"。	

步　骤	说明或截图
5. 在第 1、2 段素材之间添加"急摇"效果；在"效果控件"面板中可设置"急摇"的持续时间、对齐等参数。	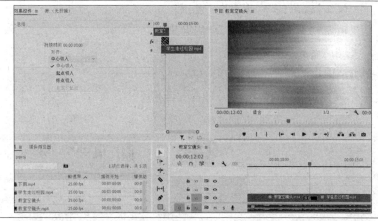
6. 在第 2、3 段素材之间添加"风车"效果；在"效果控件"面板中可设置"风车"的持续时间、楔形数量等参数。	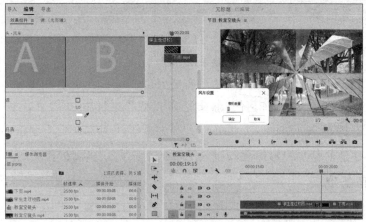
7. 在 A1 轨道的首、尾端添加"恒定增益"效果，从而实现音频的淡入、淡出效果；在"效果控件"面板中还可以设置"恒定增益"的持续时间、对齐等参数。注：声音的"交叉淡化"设置还有"恒定功率""指数淡化"效果等。	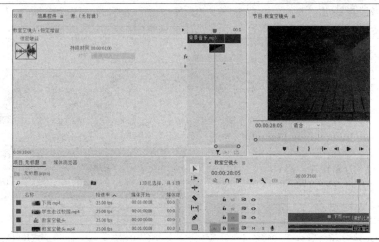

任务评价

1. 自我评价

□ 展开"效果"面板中的视频过渡、音频过渡两项。

□ 使用"黑场过渡"效果设置画面的淡入、淡出。

□ 比较"黑场过渡"与对"不透明度"添加关键帧。

□ "急摇"效果的"持续时间"设置。

□ "风车"效果的"楔形数量"设置。

□ "恒定功率"与"恒定增益"的区别。

□ 设置"音频"的淡入、淡出。

2. 教师评价

工作页完成情况：□ 优 □ 良 □ 合格 □ 不合格

任务二　翻　页　转　场

班级：＿＿＿＿＿ 姓名：＿＿＿＿＿ 日期：＿＿＿＿＿ 地点：＿＿＿＿＿ 学习领域：Pr 转场

翻页转场

任务目标

1. 学会"基本 3D"与"裁剪"效果的组合使用。

2. 掌握左右翻页的动画效果制作。

3. 设置翻页后下方内容的正确显示。

4. 思考在 Pr 中如何使"翻页转场"的效果更自然，更逼真。

任务导入

登录 B 站等视频网站，观摩 Pr 翻页转场作品，提高创作灵感。

任务准备

准备制作翻页转场所要用到的视频素材。

任务实施

步　骤	说明或截图
1. 启动 Pr 软件，导入两段视频素材，再将其拖曳至 V1 轨道； 选中后面的一段视频素材，执行"嵌套"操作。	

步　骤	说明或截图
2. 对第 1 段素材结尾和第 2 段素材开头各自分割 1s,准备做翻页动画效果。	
3. 选中"练习素材二"被切割的后半部分和"嵌套序列 3"被切割的前半部分,在"效果"面板中双击"基本 3D"项,对两段素材同时添加此效果。	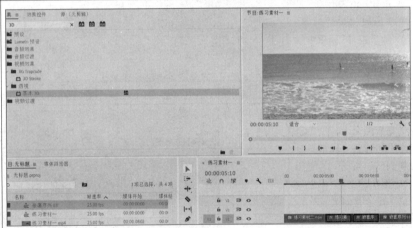
4. 选中中间的第 1 段素材,在"效果控件"面板中对"基本 3D"→"旋转"参数添加两个关键帧,设置其值为 0~90。	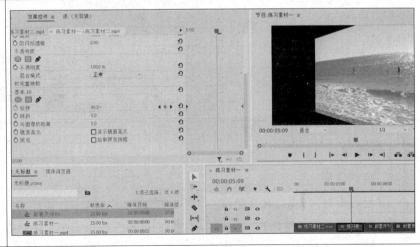

步　骤	说明或截图
5. 继续添加"裁剪"效果,在"效果控件"面板中设置"裁剪"→"左侧"参数的值为50。	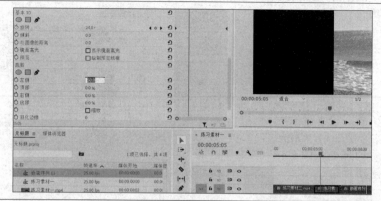
6. 选中中间的后一段视频素材,在"效果控件"面板中对"基本 3D"→"旋转"参数添加两个关键帧,设置其值为-90~0;继续添加"裁剪"效果,在"效果控件"面板中设置"裁剪"→"右侧"参数的值为50。	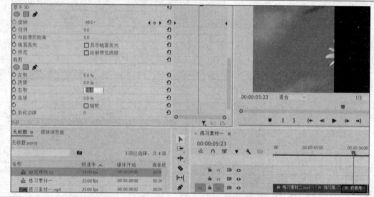
7. 选中中间的两段素材并拖曳至 V3 轨道;将中间的后一段素材复制到 V2 轨道,再使用"比例拉伸工具"使之与第 1 段素材对齐;在"效果控件"面板中设置"裁剪"→"左侧"参数的值为 50,同时取消"基本 3D"项;将 V1 轨道的第 1 段素材拖曳与第 4 段素材对接,完成最终的翻页转场效果制作。	

🎬 任务评价

1. 自我评价

☐ 复习素材的分割、嵌套操作。

☐ 复习对素材批量添加"效果"。

☐ "基本 3D"效果与"裁剪"效果配合进行右翻页。

□ "基本 3D"效果与"裁剪"效果配合进行左翻页。

□ "右翻页"的下方内容显示。

□ "左翻页"的下方内容显示。

□ 思考在 Pr 中如何使翻页转场更逼真。

2．教师评价

工作页完成情况：□ 优 □ 良 □ 合格 □ 不合格

任务三 闪动转场

班级：＿＿＿＿＿＿ 姓名：＿＿＿＿＿＿ 日期：＿＿＿＿＿＿ 地点：＿＿＿＿＿＿ 学习领域：Pr 转场

闪动转场

任务目标

1．学会新建"调整图层"并运用它。

2．掌握纵横向"偏移"效果的设置。

3．掌握纵横向"方向模糊"效果的设置。

4．充分认识使用"调整图层"，可简化作业流程、提高工作效率。

任务导入

登录 B 站等视频网站，感受 Pr 闪动转场作品的技术和艺术之美。

任务准备

准备制作闪动转场所用到的多段视频素材。

任务实施

步　骤	说明或截图
1．启动 Pr 软件，在"项目"面板中导入两段视频素材； 将两段视频素材拖曳至 V1 轨道，选中第 2 段素材，右击，执行"缩放为帧大小"菜单命令。	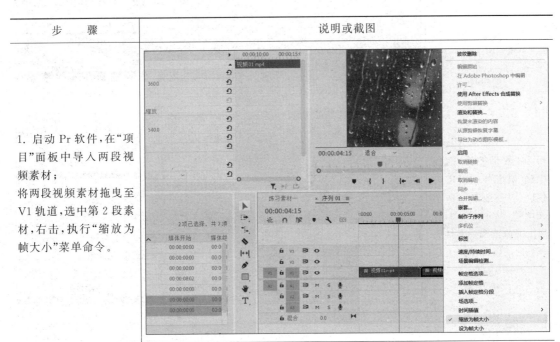

步　　骤	说明或截图
2. 在"项目"面板中新建一个"调整图层"，将其拖曳至 V2 轨道，设定其时长为 1s。	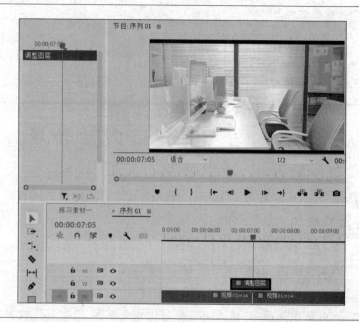
3. 从"效果"面板中添加"偏移"效果至 V2 轨道的"调整图层"。	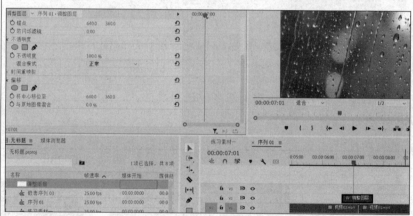
4. 在"效果控件"面板中对"偏移"→"将中心移位至"参数添加两个关键帧，从而使 V1 轨道上的两段视频素材能在纵向连续滚动。	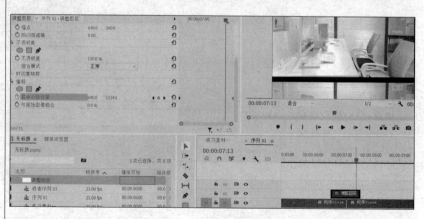

步　骤	说明或截图
5. 继续在"调整图层"添加"方向模糊"效果。	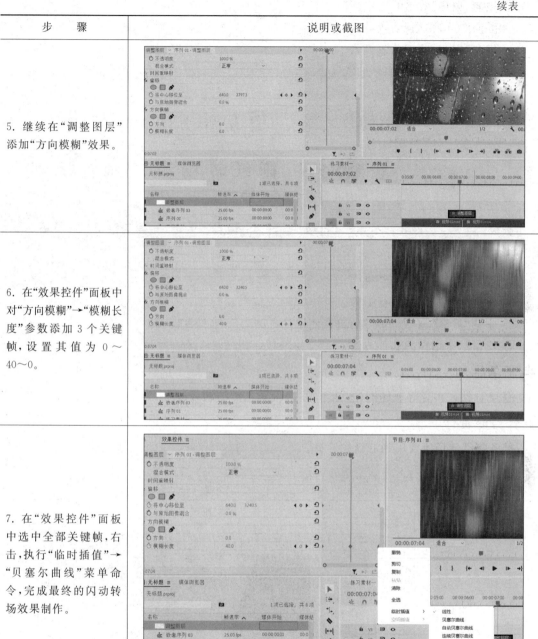
6. 在"效果控件"面板中对"方向模糊"→"模糊长度"参数添加 3 个关键帧，设置其值为 0～40～0。	
7. 在"效果控件"面板中选中全部关键帧，右击，执行"临时插值"→"贝塞尔曲线"菜单命令，完成最终的闪动转场效果制作。	

任务评价

1. 自我评价

□ "缩放为帧大小"与"设为帧大小"的区别。

□ 新建"调整图层"。

□ 纵向"偏移"效果的运用。

□ 横向"偏移"效果的运用。

□ 纵向"方向模糊"动效设置。

□ 横向"方向模糊"动效设置。

□ 设置关键帧为"贝塞尔曲线"。

2. 教师评价

工作页完成情况：□ 优 □ 良 □ 合格 □ 不合格

任务四　撕纸转场

班级：_____ 姓名：_____ 日期：_____ 地点：_____ 学习领域：Pr 转场

撕纸转场

📖 任务目标

1. 理解抠像前的"嵌套"操作。

2. 掌握用"颜色键"进行抠像。

3. 学会"嵌套"与"颜色键"的组合使用。

4. 尝试绿幕抠像的其他方法。

🎋 任务导入

登录 B 站或抖音等视频网站，学习 Pr 撕纸转场类的动效设置。

👁 任务准备

准备撕纸转场所要用到的视频素材。

⚒ 任务实施

步　骤	说明或截图
1. 启动 Pr 软件，在"项目"面板中导入三段视频素材。	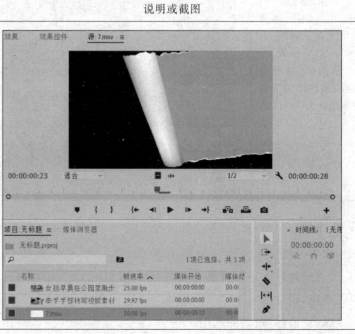

步 骤	说明或截图
2. 将两段视频素材拖曳至 V1、V2 轨道。	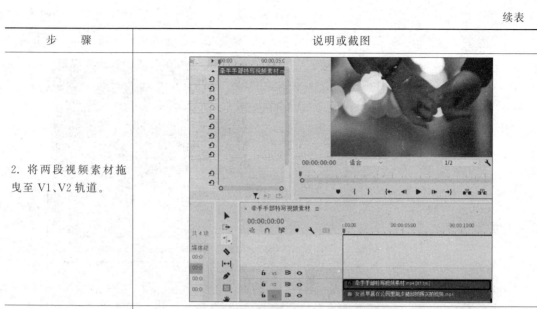
3. 将"撕纸"视频素材拖曳至 V3 轨道。	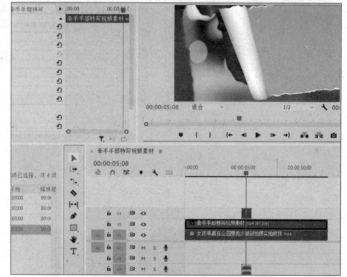
4. 将当前时间指示器定位于 V3 轨道的末端；选中 V2 轨道,按快捷键 Ctrl+K 分割素材,再按 Del 键删除后半段。	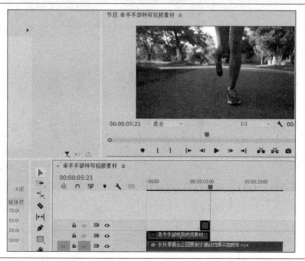

续表

步　　骤	说明或截图
5. 同时选中 V2、V3 轨道,执行"嵌套"操作。	
6. 选中嵌套的对象,在"效果"面板中添加"颜色键"效果。	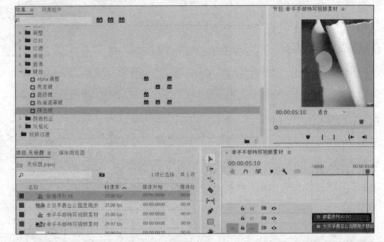
7. 在"效果控件"面板中对"颜色键"效果设定参数如下。 主要颜色:用"吸管"工具吸取绿色; 颜色容差:85 左右。 完成撕纸转场的动画效果制作。	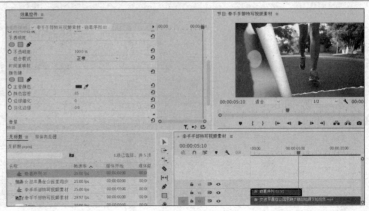

任务评价

1. 自我评价

☐ 分析"撕纸"视频素材(透明＋绿色)。

☐ 设置"嵌套"的内容。

☐ 对"嵌套"内容添加"颜色键"进行抠像。

☐ "颜色键"的参数设置。

☐ "嵌套"与"颜色键"的组合使用。

☐ 思考不用"嵌套"直接抠像能否成功。

☐ 尝试用"超级键"进行绿幕抠像。

2. 教师评价

工作页完成情况：☐ 优 ☐ 良 ☐ 合格 ☐ 不合格

任务五 堆叠转场

班级：_____ 姓名：_____ 日期：_____ 地点：_____ 学习领域：Pr 转场

堆叠转场

任务目标

1. 进一步掌握"变换"效果的运用。

2. 在"变换"效果中设置"变速"运动。

3. 学会"残影"效果与"嵌套"的组合使用。

4. 学会"径向阴影"效果与"残影"效果的组合使用。

任务导入

进一步明确 Pr 作品中效果应用的前提及效果应用的顺序。

任务准备

准备制作堆叠转场的图片素材。

任务实施

步　　骤	说明或截图
1. 启动 Pr 软件,在"项目"面板中导入两段图片素材,将其拖曳至 V1、V2 轨道进行叠放排列。	

步 骤	说明或截图
2. 将"变换"效果添加至 V2 轨道,在"效果控件"面板中对"变换"→"位置"参数添加两个关键帧,设置图片自左向右运动。	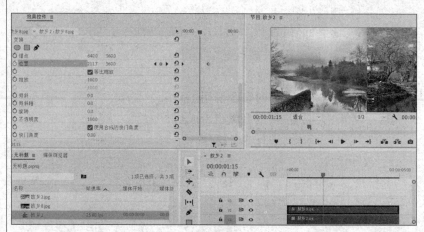
3. 选中两个关键帧,右击,选择"缓入、缓出"菜单命令; 展开"变换"→"位置"参数,调整速度曲线,做"先快后慢"变速运动。	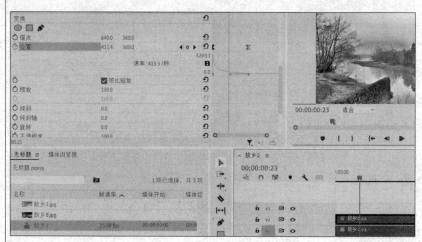
4. 在"效果控件"面板中继续对"变换"效果进行调整,参数设定如下。 使用合成的快门角度:取消; 快门角度:67 左右。 从而产生运动模糊的效果。	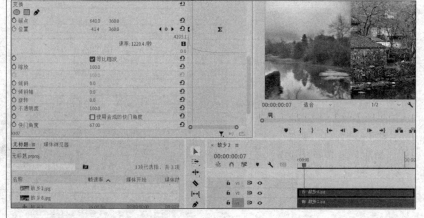

步　骤	说明或截图
5. 对 V2 轨道执行"嵌套"操作,准备添加"残影"效果。	
6. 在 V2 轨道添加"残影"效果,在"效果控件"面板中对其参数设定如下。 残影时间:-0.033; 残影数量:7; 衰减:1.8; 残影运算符:从后至前组合。	
7. 继续在 V2 轨道添加"径向阴影"效果,设置其"投影距离"为 2左右; 在"效果控件"面板中将"径向阴影"效果调整至"残影"效果之前,完成最终的效果制作。	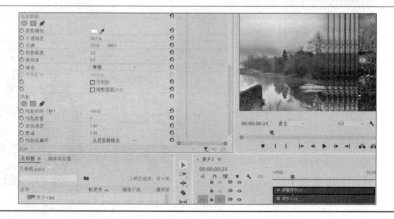

任务评价

1. 自我评价

□ 在"变换"中制作运动动画。

□ 在"变换"中设置变速运动。

□ 在"变换"中设置"运动模糊"。

□ "残影"效果的运用。

□ "残影"用于"嵌套"前后的区别。

□ "径向阴影"效果的运用。

□ "径向阴影"效果用于"残影"效果前后的区别。

2. 教师评价

工作页完成情况：□ 优 □ 良 □ 合格 □ 不合格

任务六　分屏转场

班级：＿＿＿＿＿　姓名：＿＿＿＿＿　日期：＿＿＿＿＿　地点：＿＿＿＿＿　学习领域：Pr 转场

分屏转场

任务目标

1. 会进行画面的三等分。

2. 会使用"变换"效果做变速运动。

3. 会使用"变换"效果做运动模糊。

4. 掌握"裁剪"效果与"变换"效果的组合使用。

任务导入

初步领略 Pr 分屏动效的创作魅力，为学好下一个模块奠定基础。

任务准备

准备制作分屏转场的视频素材。

任务实施

步　骤	说明或截图
1. 启动 Pr 软件，在"项目"面板中导入两段视频素材，将其拖曳至 V1、V2 轨道进行叠放排列。	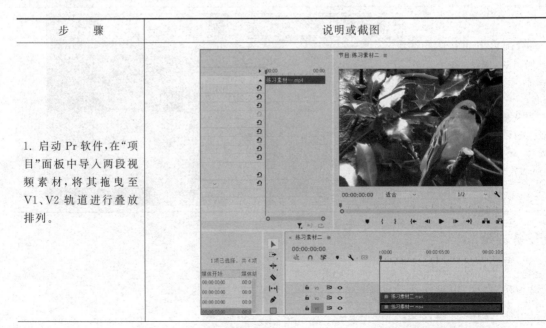

步　骤	说明或截图
2. 选中 V2 轨道,添加"裁剪"效果; 在"效果控件"面板中设置"裁剪"→"右侧"参数值为 66。	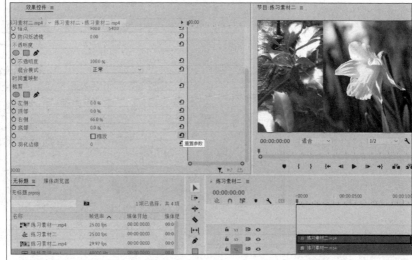
3. 复制 V2 轨道至 V3,在"效果控件"面板中设置"裁剪"→"左侧"参数和"裁剪"→"右侧"参数值均为 33。	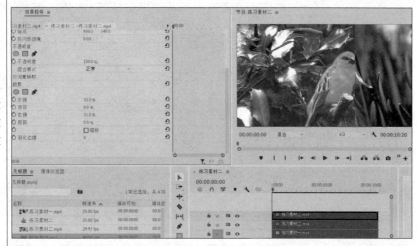
4. 复制 V2 轨道至 V4,在"效果控件"面板中设置"裁剪"→"左侧"参数值为 66。	

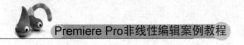
步　　骤	说明或截图
5. 将 V2～V4 轨道同时选中，再双击"效果"面板中的"变换"，即对 3 个轨道同时添加"变换"效果。	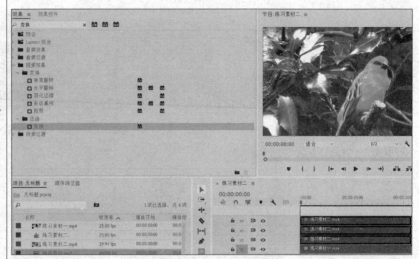
6. 选中 V4 轨道，在"效果控件"面板中对"变换"→"位置"参数添加两个关键帧，做自下而上的变速运动； 选中两个关键帧，右击，再执行"缓入、缓出"菜单命令； 展开"位置"参数，调整速度曲线。	
7. 选中 V2 轨道，在"效果控件"面板中对"变换"→"位置"参数添加两个关键帧，做自下而上的变速运动； 选中两个关键帧，右击，再执行"缓入、缓出"菜单命令； 展开"位置"参数，调整速度曲线。	

步　　骤	说明或截图
8. 选中 V3 轨道,在"效果控件"面板中对"变换"→"位置"参数添加两个关键帧,做自上而下的变速运动; 选中两个关键帧,右击,再执行"缓入、缓出"菜单命令; 展开"位置"参数,调整速度曲线。	
9. 将 V2～V4 轨道同时选中,在第 2 个关键帧处,按快捷键 Ctrl＋Shift＋K 进行统一切割; 在 V4 轨道的后半段删除裁剪、变换效果; 在 V2～V3 轨道同时删除后半段,完成分屏转场效果制作。	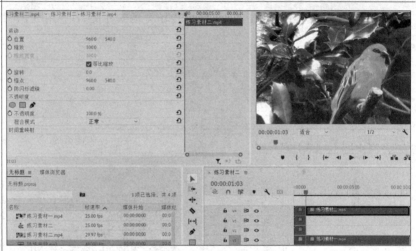

任务评价

1. 自我评价

□ 使用"裁剪"对素材进行三等分。

□ 将三等分素材分置于三个轨道。

□ 对三等分素材统一添加"变换"效果。

□ 通过"变换"对三等分素材分别设置自上而下、自下而上的运动。

□ 通过速度曲线调整,将匀速运动转换为变速运动。

□ 批量切割快捷键的使用。

□ 快捷键 Ctrl＋K 与快捷键 Ctrl＋Shift＋K 的区别与联系。

2. 教师评价

工作页完成情况:□ 优 □ 良 □ 合格 □ 不合格

任务七　扭曲转场

班级：_____　姓名：_____　日期：_____　地点：_____　学习领域：Pr 转场

任务目标

1. 设定"调整图层"的时长。

2. 添加并设置 Lens Distortion(镜头扭曲)效果。

3. 添加并设置"减少交错闪烁"效果。

4. 巧用"调整图层"，避免重复劳动，提高操作效率。

任务导入

登录 B 站等视频网站，学习 Pr 扭曲转场类动效作品，注意在 Pr 不同版本中制作的差异。

任务准备

准备制作扭曲转场的视频素材。

任务实施

步　骤	说明或截图
1. 启动 Pr 软件，在"项目"面板中导入两段视频素材，将其拖曳至 V1 轨道进行顺序排列，同时将音频素材拖曳至两段视频结合处对应的音频轨道位置。	

步　骤	说明或截图
2. 新建 1 个"调整图层"，将其拖曳至 V2 轨道，调整其位置在两段素材结合处，设定其时长为 1s。	
3. 在"调整图层"添加 Lens Distortion 和"减少交错闪烁"两个效果，准备制作镜头扭曲和模糊动效。	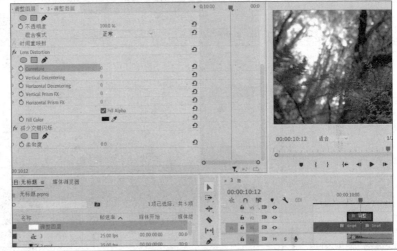
4. 在"效果控件"面板中对"减少交错闪烁"→"柔和度"参数添加 3 个关键帧，设置其值为 0～30～0。	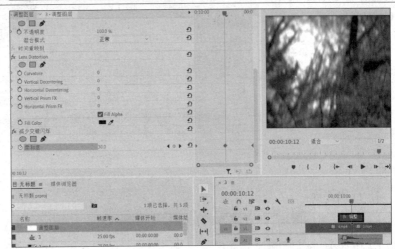

步　　骤	说明或截图
5. 选中全部关键帧,右击,执行"临时插值"→"自动贝塞尔曲线"菜单命令; 调整其速度曲线,如右图所示。	
6. 在"效果控件"面板中继续对 Lens Distortion→Curvature(曲率)参数添加三个关键帧,设定其值为 0～—40～0。	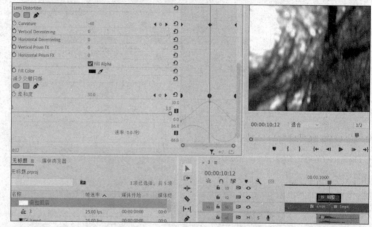
7. 选中全部关键帧,右击,执行"临时插值"→"自动贝塞尔曲线"菜单命令; 调整其速度曲线,如右图所示,从而完成扭曲转场的动效制作。	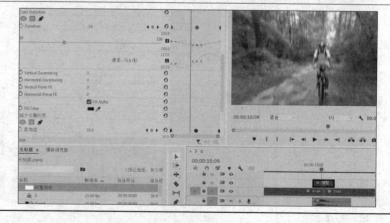

🎬 任务评价

1. 自我评价

☐ 新建"调整图层"并设定其时长。

☐ 添加 Lens Distortion 效果。

□ 明确"减少交错闪烁"效果类别。

□ 添加"减少交错闪烁"效果。

□ 设置 Lens Distortion 效果。

□ 设置"减少交错闪烁"效果。

□ 调整 Lens Distortion 效果和"减少交错闪烁"效果速度曲线。

2. 教师评价

工作页完成情况：□ 优 □ 良 □ 合格 □ 不合格

任务八　VR 色差转场

班级：_____　姓名：_____　日期：_____　地点：_____　学习领域：Pr 转场

📖 任务目标

1. 熟悉 Pr 高版本所带来的技术革命。

2. 掌握素材的自动分割方法。

3. 掌握"VR 色差"效果与 Lens Distortion 效果的组合使用。

4. 举一反三，了解与"场景编辑检测"类似的 Pr 新技术。

VR 色差
转场

🏃 任务导入

Pr 软件版本升级所带来的智能化和新技术大大降低了 Pr 的学习难度，激发了学习者的学习兴趣。

👁 任务准备

准备可供 Pr 自动分割、VR 色差转场所用到的视频素材。

⚒ 任务实施

步　　骤	说明或截图
1. 启动 Pr 软件，在"项目"面板中导入一段视频素材，将其素材拖曳至 V1 轨道； 右击，执行"场景编辑检测"菜单命令，在弹出的对话框中单击"分析"按钮。	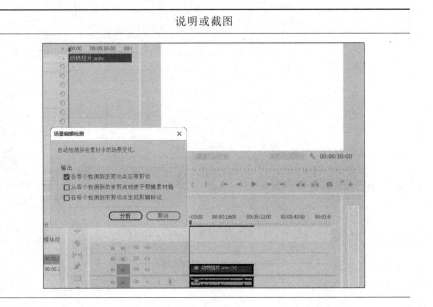

步　骤	说明或截图
2. 分析结果：将一段视频素材按不同的内容在结合处自动分割成了多段视频素材。	
3. 选中第 1、2 两段素材，双击"效果"面板中的"VR 色差"效果，即给两段素材同时添加了"VR 色差"效果。	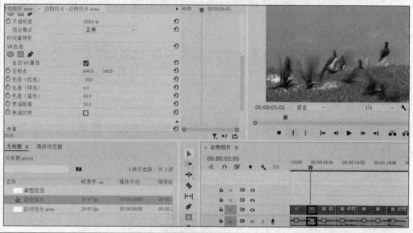
4. 在"效果控件"面板中对"VR 色差"效果的R、G、B 三项"色差"数值进行调整。	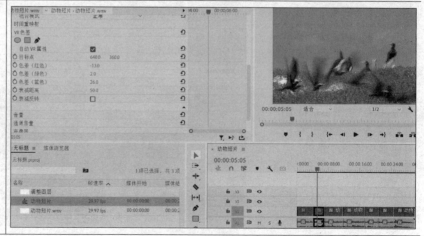

步　　骤	说明或截图
5. 继续选中第1、2两段素材,双击"效果"面板中的 Lens Distortion 效果,即给两段素材同时添加了 Lens Distortion 效果。	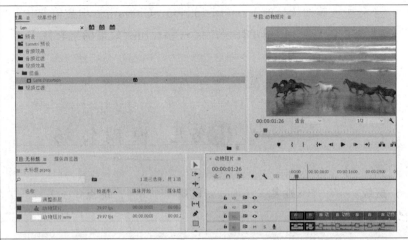
6. 选中第1段素材,在"效果控件"面板中对 Lens Distortion→Curvature 参数添加两个关键帧,间隔10帧至其尾部,设定其值为 0~-100。	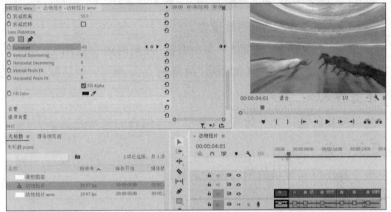
7. 选中第2段素材,在"效果控件"面板中对 Lens Distortion→Curvature 参数添加两个关键帧,间隔10帧至其首部,设定其值为 -100~0,从而完成 VR 色差转场效果制作。	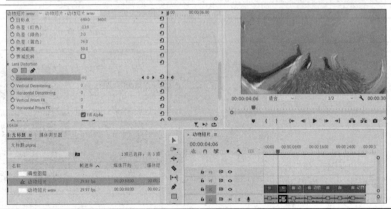

🎬 任务评价

1. 自我评价

□ 在 Pr 中自动分割视频。

□ 批量添加"VR 色差"效果。

□ 批量添加 Lens Distortion→Curvature 效果。

□ "VR 色差"效果参数的组成。

□ Lens Distortion→Curvature 效果参数的组成。

□ 分段视频衔接处的 Lens Distortion→Curvature 项数值变化。

□ "VR 色差"与 Lens Distortion→Curvature 效果的组合使用。

2. 教师评价

工作页完成情况：□ 优 □ 良 □ 合格 □ 不合格

任务九　模糊转场

班级：_____　姓名：_____　日期：_____　地点：_____　学习领域：Pr 转场

模糊转场

任务目标

1. 进一步了解 Pr 的"视频过渡"效果。

2. 掌握"高斯模糊"的动效设置。

3. 学会"交叉溶解"效果与"高斯模糊"效果的组合使用。

4. 掌握内置效果及"调整图层"的复制方法，使 Pr 作品制作更加统一，更加规范。

任务导入

使用模糊转场可充分体现 Pr 作品虚实结合的艺术之美。

任务准备

准备制作模糊转场的两段视频素材。

任务实施

步　　骤	说明或截图
1. 启动 Pr 软件，在"项目"面板中导入两段视频素材，将其拖曳至 V1 轨道进行顺序排列。	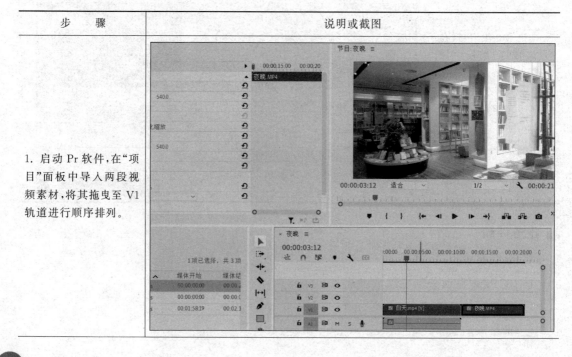

步　骤	说明或截图
2. 在两段素材的结合处添加"交叉溶解"效果。	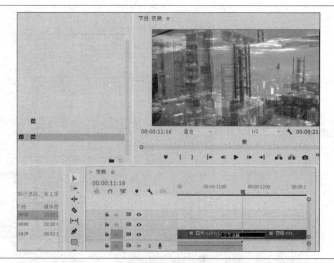
3. 在 V1 轨道或"效果控件"面板中设置"交叉溶解"效果的时长为 18 帧。	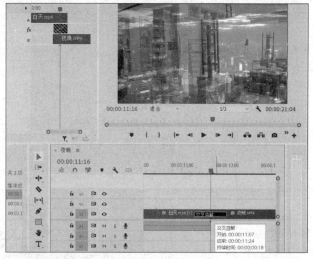
4. 新建一个"调整图层"，将其拖曳至 V2 轨道；以 V1 轨道的两段视频结合处为基准，对"调整图层"左右各保留 10 帧的时长。	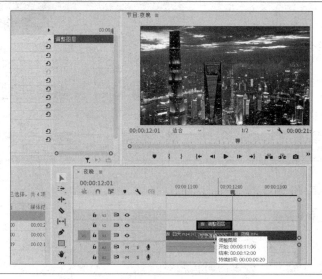

步　　骤	说明或截图
5. 选中"调整图层",添加"高斯模糊"效果。	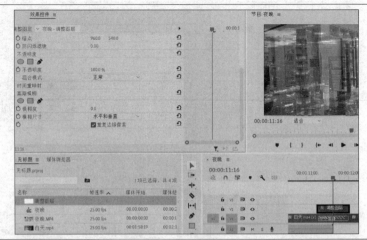
6. 在"效果控件"面板中对"高斯模糊"→"模糊度"参数添加3个关键帧,设定其值为0～100～0。	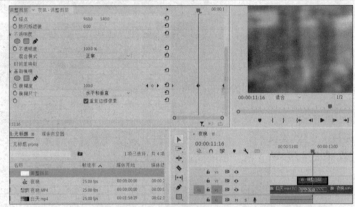
7. 在V1轨道上再添加1段视频素材,复制第1、2段的"交叉溶解"和"高斯模糊"效果至第2、3段素材之间,从而完成多段视频的模糊转场效果。 注:Pr"内置"效果与"调整图层"均可用快捷键Ctrl+C、Ctrl+V的方式进行复制。	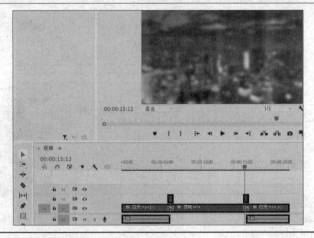

▌ 任务评价

1. 自我评价

□ "交叉溶解"效果的设置。

□ "交叉溶解"效果的时长调整。

□ "调整图层"时长的设置。

□ 在"调整图层"添加"高斯模糊"效果。

□ 在"效果控件"面板对"高斯模糊"效果设置动效。

□ Pr"内置"效果复制。

□ Pr"调整图层"复制。

2．教师评价

工作页完成情况：□ 优 □ 良 □ 合格 □ 不合格

任务十　亮度键转场

班级：_____姓名：_____日期：_____地点：_____学习领域：Pr 转场

任务目标

1．熟悉两段素材的分割和交叉排列。

2．理解用"亮度键"效果做渐变转场的原理。

3．掌握"亮度键"效果的添加及动效设置。

4．理解"亮度键"效果的双重功能：抠像、转场。

亮度键转场

任务导入

登录 B 站或抖音等视频网站，观察在 Pr 中使用"亮度键"效果制作的影视作品。

任务准备

准备制作"亮度键"转场的视频素材。

任务实施

步　　骤	说明或截图
1．启动 Pr 软件，在"项目"面板中导入两段视频素材，再将其拖曳至V1 轨道，顺序排列。	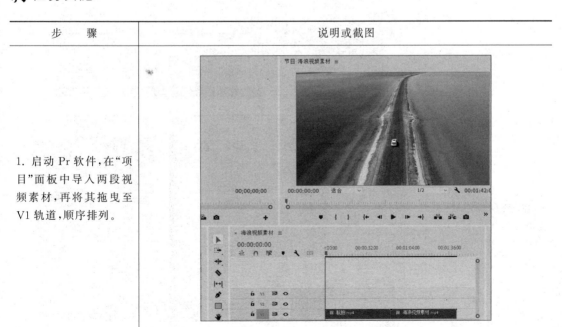

步　骤	说明或截图
2. 在 V1 轨道分割两段素材,进行交叉排列。	
3. 从第 1 段素材的尾部向左切割 15 帧,再将其移动至 V2 轨道。	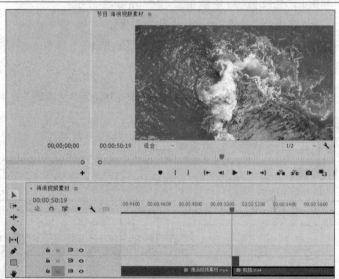
4. 在 V2 轨道添加"亮度键"效果。	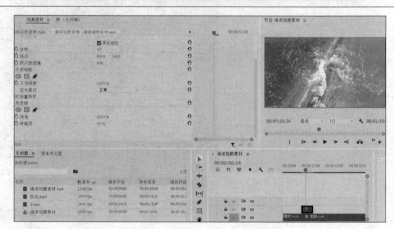

步　骤	说明或截图
5. 在"效果控件"面板中对"亮度键"效果的阈值、屏蔽度两项间隔 15 帧，各添加两个关键帧，其数值设定均为 0～100。 注：阈值消除黑色、屏蔽度消除白色。	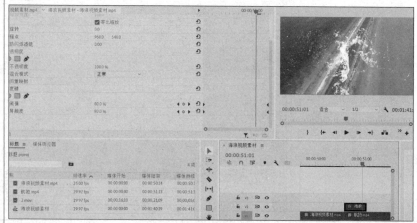
6. 在第 2、3 段素材的结合处，从第 2 段素材的尾部向左切割 15 帧，再将其移动至 V2 轨道； 继续添加"亮度键"效果，在"效果控件"面板中对"亮度键"效果的阈值、屏蔽度两项间隔 15 帧，各添加两个关键帧，其数值设定均为 100～0，产生另一种"亮度键"转场效果。	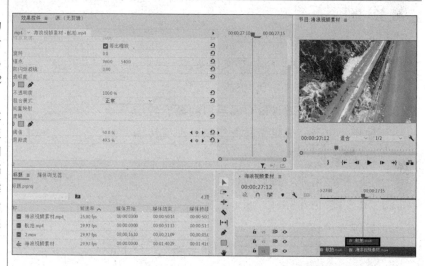
7. 在第 3、4 段素材的结合处添加"颜色遮罩"，在开头对齐第 4 段素材。	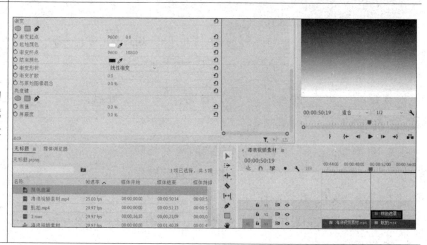

续表

步　骤	说明或截图
8.添加"渐变"效果,自上而下为黑白过渡;继续添加"亮度键"效果,设定阈值为0,屏蔽度为50,从而验证屏蔽度为消除"白色"效果。	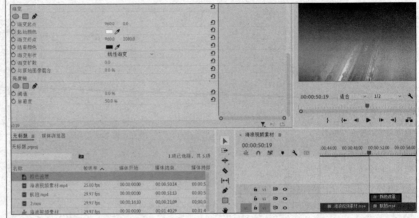

任务评价

1. 自我评价

□ 两段视频素材的分割、交叉排列。

□ 两段素材尾部的分割、叠放。

□ 使用"亮度键"效果做自黑至白的渐变转场。

□ 使用"亮度键"效果做自白至黑的渐变转场。

□ 设置"渐变"效果。

□ "亮度键"消除"白色"验证。

□ "亮度键"消除"黑色"验证。

2. 教师评价

工作页完成情况：□ 优 □ 良 □ 合格 □ 不合格

任务十一　遮罩转场

班级：＿＿＿＿＿　姓名：＿＿＿＿＿　日期：＿＿＿＿＿　地点：＿＿＿＿＿　学习领域：Pr转场

遮罩转场

任务目标

1. 注意"导出帧"与"添加帧定格"的区别与联系。

2. 使用蒙版遮罩选定对象并进行"嵌套"操作。

3. 运用"变换"效果制作"拉门"动效。

4. 运用"基本 3D"和"变换"效果的组合制作"推门"动效。

任务导入

本任务涉及的知识点较多,如蒙版、嵌套、变换和基本 3D 等,掌握这些知识点对于在 Pr

中制作伪 3D 很有帮助。

◉ **任务准备**

　　精选用于遮罩转场的两段视频素材,进一步拓展"变换"和"基本 3D"效果的应用范围。

⚒ **任务实施**

步　　骤	说明或截图
1. 启动 Pr 软件,在"项目"面板中导入两段视频素材,分置于 V1、V2 轨道,叠放排列。	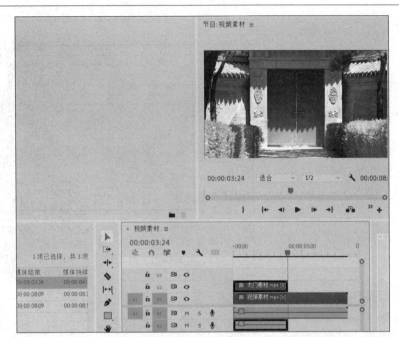
2. 移动当前时间指示器至 V2 轨道的结尾处,单击"节目"面板中的"导出帧"按钮。	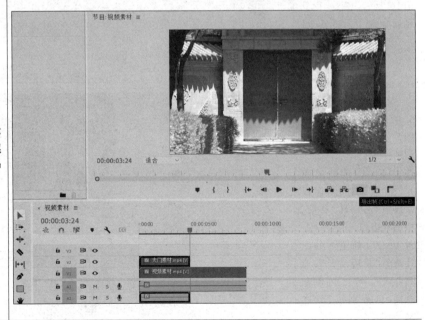

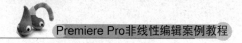
续表

步　骤	说明或截图
3. 在打开的"导出帧"对话框中输入图片名称、格式，再将"导入到项目中"项选中。	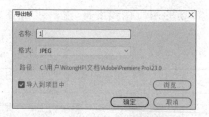
4. 将"导出帧"图片从"项目"面板拖曳至 V2 轨道，排列于当前视频素材之后； 在"效果控件"面板的"不透明度"项沿门框建立矩形选区，再将"已反转"项选中。	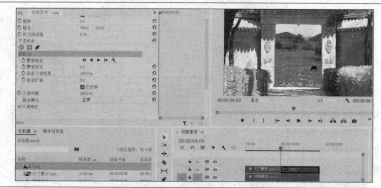
5. 选中 V2 轨道上的图片，将其复制到 V3 轨道； 在"效果控件"面板中取消"已反转"参数，得到已选中的门。	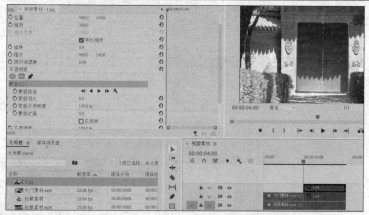
6. 再复制 V2 轨道上的图片至 V4 轨道，作为门的外部； 选中 V2 轨道上的图片，在"效果控件"面板中取消"已反转"参数，拟做半边门； 对 V2、V3 轨道上的图片调整"蒙版路径"，让其分别选中门的右侧和左侧，再分别执行"嵌套"操作，命名为左、右。	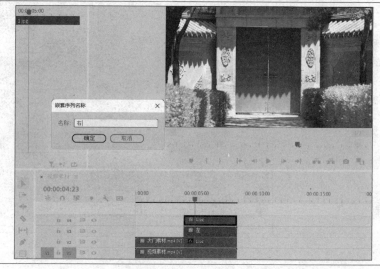

步　骤	说明或截图
7. 将 V2、V3 轨道上的图片嵌套同时选中，在"效果"面板中双击"变换"效果，将其同时应用于左、右半门。	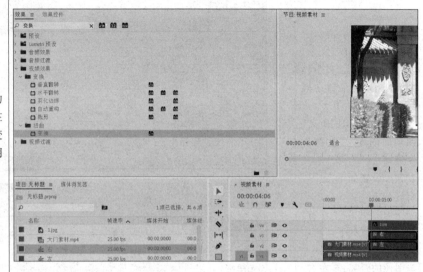
8. 选中 V2 轨道上的左嵌套，在"效果控件"面板中对"变换"→"位移"参数间隔 1s，添加两个关键帧，设置自右向左运动； 选中 V3 轨道上的右嵌套，在"效果控件"面板中对"变换"→"位移"参数间隔 1s，添加两个关键帧，设置自左向右运动； 形成门向两边拉开的动画效果。	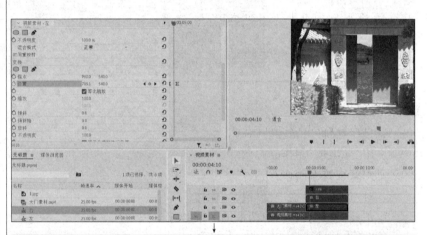 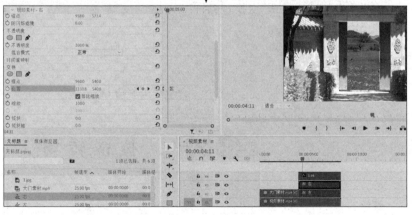

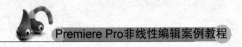
续表

步　骤	说明或截图
9. 继续在左、右嵌套上添加"基本 3D"效果；在"效果控件"面板中将"基本 3D"效果移动到"变换"效果的上方，对"旋转""与图像的距离"两项间隔 1s 添加两个关键帧。 左嵌套设置如下。 旋转：0～－75； 与图像的距离：7 左右。 右嵌套设置如下。 旋转：0～75； 与图像的距离：7 左右。 这样，门向两边推开的遮罩转场动效制作完成。	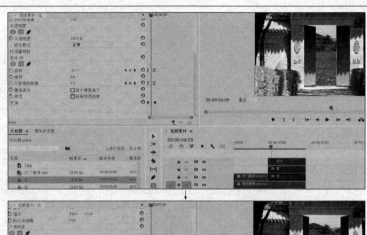 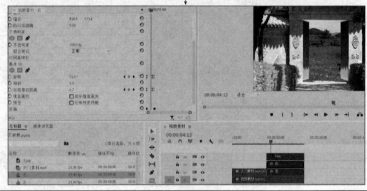

任务评价

1. 自我评价

☐ 用"导出帧"制作静态图片。

☐ 用蒙版遮罩制作左、右门。

☐ 对左、右门分别进行"嵌套"操作。

☐ 正确调整左、右门与门框的图层顺序。

☐ "基本 3D"效果在"变换"前后的区别。

☐ "拉门"动效设置。

☐ "推门"动效设置。

2. 教师评价

工作页完成情况：☐ 优 ☐ 良 ☐ 合格 ☐ 不合格

任务十二　拉镜转场

班级：＿＿＿＿＿ 姓名：＿＿＿＿＿ 日期：＿＿＿＿＿ 地点：＿＿＿＿＿ 学习领域：Pr 转场

任务目标

拉镜转场

1. 学会用"调整图层"批量添加效果，并多次使用的技巧。

2. 掌握用"镜像"效果对素材进行无缝拼贴。

3. 学会上下拉镜的转场动效制作。

4. 学会左右拉镜的转场动效制作。

任务导入

登录 B 站或抖音等视频网站,感受 Pr 作品拉镜转场的独特魅力。

任务准备

准备用于制作拉镜转场的视频素材;分析流行的拉镜转场动效技法。

任务实施

步　　骤	说明或截图
1. 启动 Pr 软件,在"项目"面板中导入两段视频素材,将其拖曳至 V1 轨道; 分割较长的航拍视频素材,在其中插入一段打篮球视频素材。	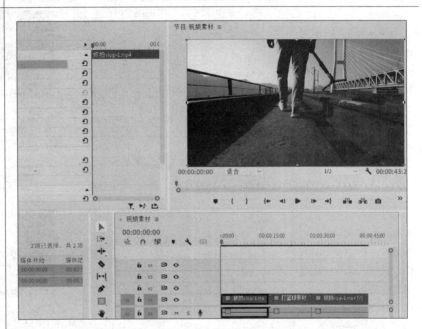
2. 在"项目"面板中新建一个"调整图层",将其拖曳至 V2 轨道,调整其时长与 V1 轨道的时长相同; 在 V2 轨道上添加"变换"效果,将"缩放"的值设定为 50。	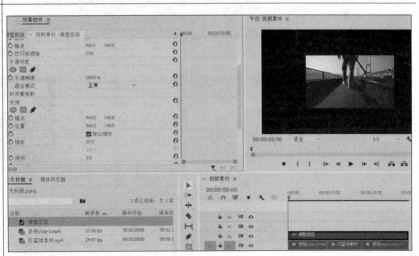

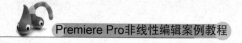

步　骤	说明或截图
3. 继续在 V2 轨道添加"镜像"效果； 在"效果控件"面板中调整"镜像"→"反射中心"参数 X 轴数值，使画面呈无缝对接。	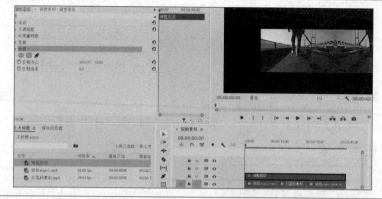
4. 在"效果控件"面板中依次按快捷键 Ctrl＋C、Ctrl＋V 对"镜像"效果进行复制； 设置"反射角度"的值为90，调整"镜像"→"反射中心"参数 Y 轴数值，使画面呈无缝对接。	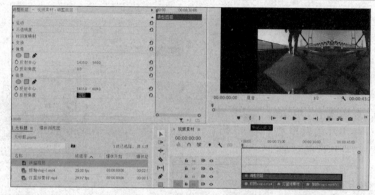
5. 在"效果控件"面板中继续按快捷键 Ctrl＋C、Ctrl＋V 对"镜像"效果进行复制； 设置"反射角度"的值为－90，调整"镜像"→"反射中心"参数 Y 轴数值，使画面呈无缝对接。	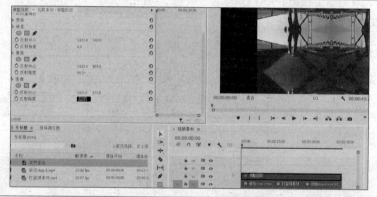
6. 在"效果控件"面板中继续按快捷键 Ctrl＋C、Ctrl＋V 对"镜像"效果进行复制； 设置"反射角度"的值为180，调整"镜像"→"反射中心"参数 X 轴数值，使画面呈无缝对接。	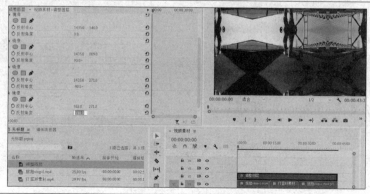

步　　骤	说明或截图
7. 在"效果控件"面板中选中"变换"效果,按快捷键 Ctrl＋C、Ctrl＋V 对其进行复制,再设定"缩放"参数的值为200,还原画面的尺寸大小。	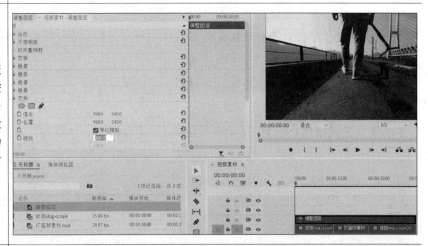
8. 在 V1 轨道的素材结合处,对 V2 轨道上的"调整图层"进行分割,同时左右各移动 15 帧,进行二次分割; 选中左边的 15 帧,在"效果控件"面板中对"变换"→"位置"参数添加两个关键帧并选中,右击,执行"缓入、缓出"菜单命令,调整速度曲线。	
9. 右边的 15 帧添加关键帧并调整速度曲线与左边类似,不再赘述;在"效果控件"面板对调整图层的"变换"→"快门角度"参数设定数值均为180,同时取消"使用合成的快门角度"项,完成上下或左右的拉镜转场效果。	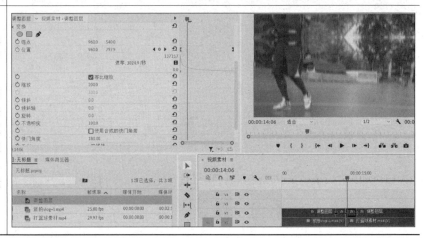

任务评价

1. 自我评价

□ 调整图层一次设定,分割后可多次使用。

□ 批量"缩放"素材为原先的 50%。

□ 使用"镜像"对素材进行无缝拼贴。

□ 调整图层的二次分割。

□ 使用"变换"效果做上下拉镜转场。

□ 使用"变换"效果做左右拉镜转场。

□ 设置拉镜转场过程中的"运动模糊"。

2. 教师评价

工作页完成情况：□ 优 □ 良 □ 合格 □ 不合格

模块**四**

分屏制作

任务一 缩放分屏

班级：_____ 姓名：_____ 日期：_____ 地点：_____ 学习领域：Pr 分屏

缩放分屏

📖 任务目标

1. 会显示所选对象的中心点及控制点。

2. 会准确移动所选对象的中心点。

3. 制作围绕中心点的"缩放"动画。

4. 总结与四分屏类似的 N 分屏方法。

🔧 任务导入

分屏是 Pr 的主要应用领域，多观察此类作品，积累创作经验。

👁 任务准备

准备制作四分屏所用到的视频素材。

🔨 任务实施

步 骤	说明或截图
1. 启动 Pr 软件，在"项目"面板中导入四段视频素材，将其拖曳至 V1 轨道，顺序排列。	（截图）

步　　骤	说明或截图
2. 依次选中 V1 轨道后面的三段视频素材,缩放为帧大小并消除黑边,然后执行"嵌套"操作。	
3. 选中 V1 轨道上的第1段素材,单击"效果控件"面板中的"运动"项,出现中心锚点及四周 8 个控制点; 按住 Ctrl 键不松,再移动中心锚点至左上角。	
4. 选中第 1 段素材,在"效果控件"面板中对"运动"→"缩放"项间隔1s 添加两个关键帧,设置其值为 100～50; 选中两个关键帧,缓入、缓出。	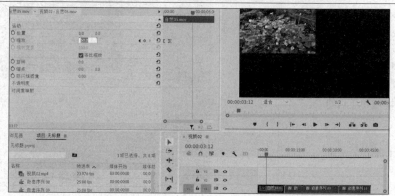

步　骤	说明或截图
5. 选中第 2 段素材,用同样的方法将中心锚点移至右上角,在"效果控件"面板中对"运动"→"缩放"项间隔 1s 添加两个关键帧,设置其值为 $100\sim50$; 选中两个关键帧,缓入、缓出。	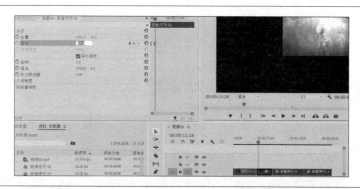
6. 选中第 3 段素材,用同样的方法将中心锚点移至左下角,在"效果控件"面板中对"运动"→"缩放"项间隔 1s 添加两个关键帧,设置其值为 $100\sim50$; 选中两个关键帧,缓入、缓出。	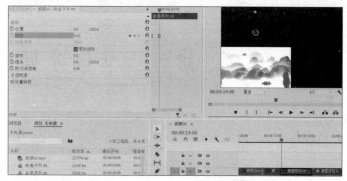
7. 选中第 4 段素材,用同样的方法将中心锚点移至右下角,在"效果控件"面板中对"运动"→"缩放"项间隔 1s 添加两个关键帧,设置其值为 $100\sim50$; 选中两个关键帧,缓入、缓出。	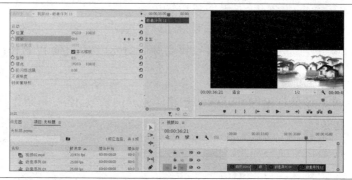
8. 将后三段素材拖曳至 V2～V4 轨道,依次缩进,完成"缩放分屏"效果制作。	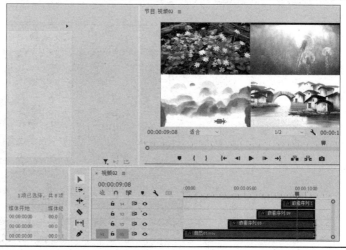

任务评价

1. 自我评价

□ 调整各段素材与序列尺寸相匹配。

□ 显示选中素材的中心锚点及四周控制点。

□ 移动中心锚点至指定的边角。

□ 制作围绕中心点的"缩放"动画。

□ 进行四分屏素材的层叠排放。

□ 进行四分屏的依次缩进。

□ 思考 N 分屏的制作方法。

2. 教师评价

工作页完成情况：□ 优 □ 良 □ 合格 □ 不合格

任务二　变换分屏

班级：_____ 姓名：_____ 日期：_____ 地点：_____ 学习领域：Pr 分屏

任务目标

1. 两个三角形状分屏画面的构图。

2. 掌握"线性擦除"效果的运用。

3. 学会用"变换"效果制作对角动画。

4. 认识到屏幕分割不仅可以提高画面的使用率,还可以给作品增色。

任务导入

登录 B 站等视频网站,观察 Pr 花样分屏的动效,学习其制作技法。

任务准备

准备制作变换分屏所需的三段视频素材。

变换分屏

任务实施

步　骤	说明或截图
1. 启动 Pr 软件,在"项目"面板中导入三段视频素材; 将其拖曳至 V1~V3 轨道,进行叠放排列。	

步　　骤	说明或截图
2. 将 V2～V3 轨道上的素材同时选中，再双击"效果"面板中的"线性擦除"效果。	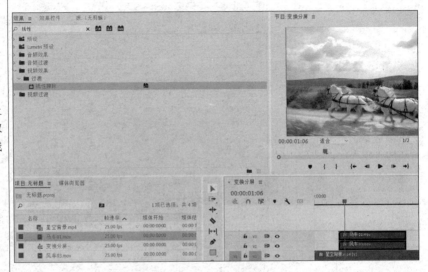
3. 选中 V3 轨道上的素材，在"效果控件"面板中对"线性擦除"效果设置参数如下。 过渡完成：50； 擦除角度：150°。	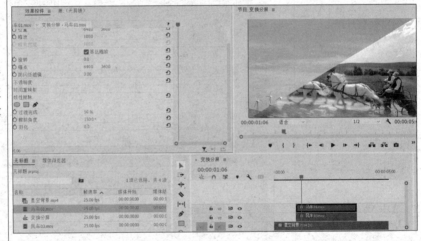
4. 选中 V2 轨道上的素材，在"效果控件"面板中对"线性擦除"效果设置参数如下。 过渡完成：50； 擦除角度：-30°。	

步　骤	说明或截图
5. 继续将 V2～V3 轨道上的素材同时选中,再双击"效果"面板中的"变换"效果。	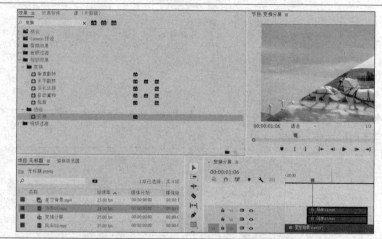
6. 选中 V3 轨道上的素材,在"效果控件"面板中对"变换"→"位置"参数间隔 1s 添加两个关键帧,做自右上至左下的运动动画。	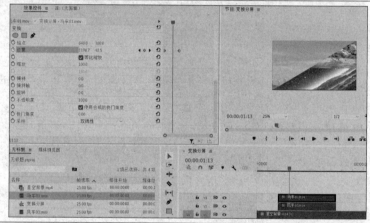
7. 选中 V2 轨道上的素材,在"效果控件"面板中对"变换"→"位置"参数间隔 1s 添加两个关键帧,做自左下至右上的运动动画。至此动态变换分屏效果制作完成。	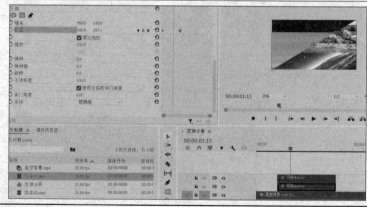

任务评价

1. 自我评价

□ 三段素材的叠放排列。

□ 用"线性擦除"效果制作三角形形状。

□ 正确设置两个三角形的"擦除角度"效果以使画面完全重合。

□ 两个轨道同时添加"变换"效果。

□ 在"变换"效果中设置对象从右上向左下运动。

□ 在"变换"效果中设置对象从左下向右上运动。

□ 思考如何在两个三角形中间添加隔离条。

2．教师评价

工作页完成情况：□ 优 □ 良 □ 合格 □ 不合格

任务三 预 设 分 屏

班级：_____ 姓名：_____ 日期：_____ 地点：_____ 学习领域：Pr 分屏

预设分屏

任务目标

1．搜索并下载 Pr "预设分屏"文件或文件夹。

2．掌握"预设分屏"的安装方法。

3．学会"预设分屏"的素材替换及调整。

4．充分认识"预设分屏"的运用，可极大地提高工作效率。

任务导入

"预设分屏"是 Pr 的实际工程运用，要积累"预设分屏"的实战经验，提高 Pr 作品制作的效率。

任务准备

准备若干用于"预设分屏"的图片和视频素材。

任务实施

步　骤	说明或截图
1．启动 Pr 软件，在"基本图形"面板中展开折叠菜单，再执行"管理更多文件夹"菜单命令。	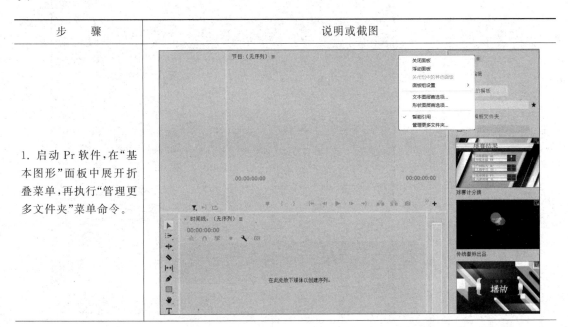

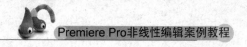

Premiere Pro非线性编辑案例教程

续表

步　　骤	说明或截图
2. 在打开的"管理更多文件夹"对话框中单击"添加"按钮，定位"预设分屏"文件夹，再单击"确定"按钮。	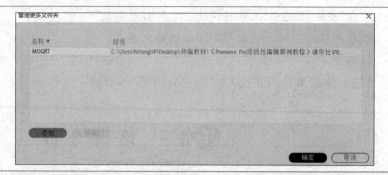
3. 在 Pr 界面右侧的"基本图形"面板中会出现23种"预设分屏"的示意图。	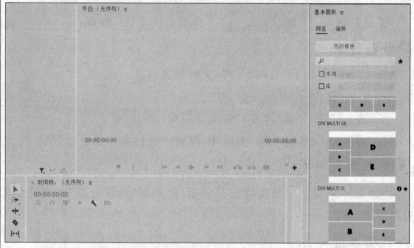
4. 从"项目"面板中新建一个序列，其参数设置如右图所示。	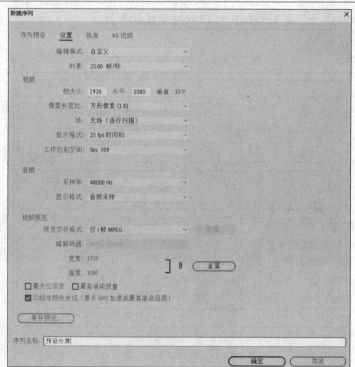

步　骤	说明或截图
5. 选中一个"预设分屏"，将其拖曳至 V1 轨道。	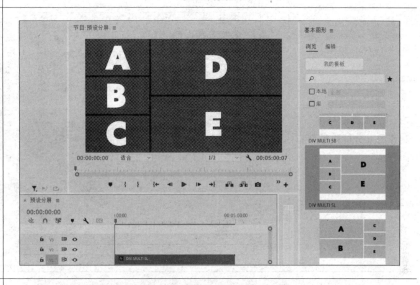
6. 在"基本图形"面板中可对 A～E 五个区域的内容进行图片或视频的替换，同时还能对其位置、缩放、旋转等属性进行调整。	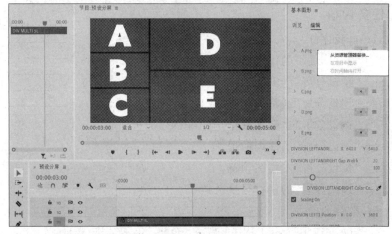 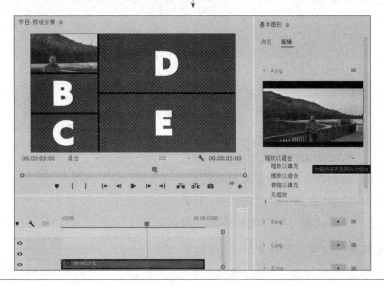

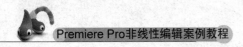

步　骤	说明或截图
7. 利用"预设分屏"所制作的五分屏效果如右图所示。	

任务评价

1. 自我评价

☐ "预设分屏"的优点所在。

☐ "预设分屏"的安装方法。

☐ "预设分屏"通常出现于"效果"面板。

☐ "预设分屏"也会出现于"基本图形"面板。

☐ "预设分屏"的使用前提。

☐ "预设分屏"示意图预览。

☐ "预设分屏"的素材替换及调整。

2. 教师评价

工作页完成情况：☐ 优 ☐ 良 ☐ 合格 ☐ 不合格

任务四　裁剪分屏

班级：＿＿＿＿＿　姓名：＿＿＿＿＿　日期：＿＿＿＿＿　地点：＿＿＿＿＿　学习领域：Pr 分屏

任务目标

1. 熟练使用"项目"面板的新建项。

2. 学会在 Pr 中设置标尺和辅助线。

3. 学会"裁剪"与"径向阴影"效果的组合使用。

4. 了解裁剪分屏与线性擦除分屏的区别。

任务导入

登录 B 站等视频网站，观摩 Pr 分屏案例，理清"裁剪"的应用场合。

裁剪分屏

◉ 任务准备

准备一段可供自动分割的视频素材。

✖ 任务实施

步　骤	说明或截图
1. 启动 Pr 软件,在"项目"面板中导入一段视频素材,新建一个"颜色遮罩"。 将"颜色遮罩"拖曳至 V1 轨道,新建一个序列。	
2. 将视频素材拖曳至 V2 轨道,右击,在弹出的快捷菜单中执行"场景编辑检测"菜单命令,在弹出的对话框中单击"分析"按钮。	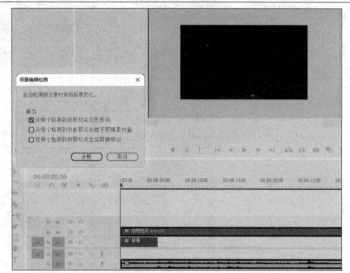
3. 将分割后的三段视频素材分别叠放于 V2~V4 轨道,同时将尾部也切齐。	

步　骤	说明或截图
4. 在"节目"面板中显示标尺，添加几根参考线。	
5. 调整 V2～V4 三个轨道上的视频素材，使它们依参考线排列。	
6. 将 V2～V4 三个轨道上的视频素材同时选中，再双击"裁剪"效果。	

步　骤	说明或截图
7. 在"效果控件"面板中完成三段视频素材的裁剪。	
8. 将 V2~V4 三个轨道上的视频素材同时选中,再双击"效果"面板中的"径向阴影"效果。在"效果控件"面板中对"径向阴影"效果的阴影颜色、光源、投影距离三项参数进行调整,完成裁剪分屏的效果制作。	

▣ 任务评价

1. 自我评价

☐ 新建"颜色遮罩"并上色。

☐ 利用"场景编辑检测"自动分割素材。

☐ 在 Pr 中显示/隐藏标尺。

☐ 在 Pr 中添加/删除参考线。

☐ 贴齐参考线"裁剪"。

☐ "径向阴影"效果的参数调整。

☐ 思考给图片添加阴影的其他方法。

2. 教师评价

工作页完成情况:☐ 优　☐ 良　☐ 合格　☐ 不合格

任务五　线切割分屏

班级:_____　姓名:_____　日期:_____　地点:_____　学习领域:Pr 分屏

▣ 任务目标

1. 理解运动和分割组合动画的原理。

线切割分屏

2. 掌握线条和画面嵌套后的切割方法。

3. 学会对半"线性擦除"参数的设置方法。

4. 能举一反三,理解线切割的不仅是画面,同时也能切割文字等对象。

任务导入

Pr 线切割类作品制作要综合运动、嵌套和线性擦除等多种效果,灵活运用,不仅能切割画面,也能切割文字。

任务准备

准备两段用于线切割的视频素材。

任务实施

步　　骤	说明或截图
1. 启动 Pr 软件,在"项目"面板中导入两段视频素材,将其叠放在 V1 和 V2 轨道。	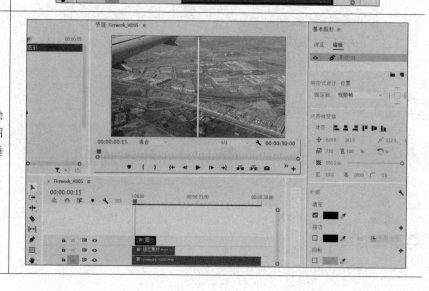
2. 使用"矩形工具"绘制一个矩形,在"基本图形"面板中进行水平、垂直居中设置。	

步　骤	说明或截图
3. 选中绘制的矩形,在"效果控件"面板中对"矢量运动"→"位置"参数添加两个关键帧,设置先慢后快、自上而下地运动。	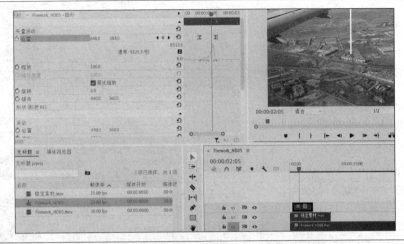
4. 将 V2 和 V3 轨道同时选中,执行"嵌套"操作。	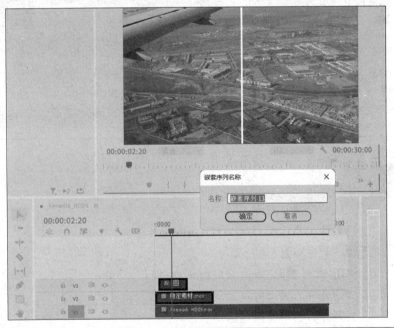
5. 在 V2 轨道当矩形下落到底部时进行分割,添加"线性擦除"效果。在"效果控件"面板中对"线性擦除"效果参数设置如下。 过渡完成:50。 擦除角度:−90°。	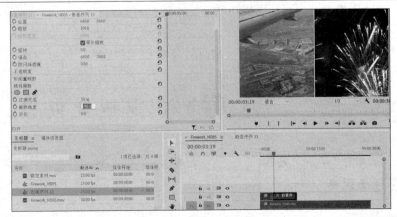

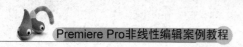
步　　骤	说明或截图
6. 将 V2 轨道切割的后半部分复制一份至 V3 轨道。 在"效果控件"面板中将"线性擦除"→"擦除角度"项的值设置为－270。	
7. 选中 V3 轨道,在"效果控件"面板中对"运动"→"位置"参数添加两个关键帧,做自中向右的运动动画。 选中 V2 轨道的后半部分,在"效果控件"面板中对"运动"→"位置"参数也添加两个关键帧,做自中向左的运动动画,从而完成线切割分屏的动效设置。	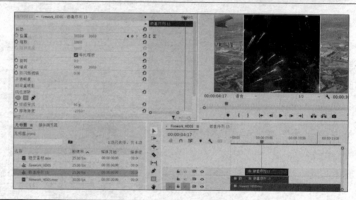

■ 任务评价

1. 自我评价

☐ 线条的绘制及对齐。

☐ 线条的变速运动。

☐ 线条与视频素材"嵌套"。

☐ 使用"线性擦除"对嵌套后的画面进行二等分。

☐ 二等分后的画面向左运动。

☐ 二等分后的画面向右运动。

☐ 用类似的方法制作线切割字。

2. 教师评价

工作页完成情况:☐ 优　☐ 良　☐ 合格　☐ 不合格

任务六　蒙版分屏

蒙版分屏

班级:_____　姓名:_____　日期:_____　地点:_____　学习领域:Pr 分屏

▤ 任务目标

1. 熟悉绘制各种形状蒙版并调整其参数。

2. 进一步掌握"蒙版"的动画制作方法。

3. 全面了解"Lumetri 颜色"面板的组成。

4. 使用"Lumetri 颜色"面板进行调色。

任务导入

导入 Pr"蒙版分屏"的案例,充分认识并使用"蒙版分屏",可创建比"裁剪分屏""线性擦除分屏"等更加灵活、多样化的分屏方法。

任务准备

上网观摩 Pr 不规则形状分屏案例,准备制作蒙版分屏的多段视频素材。

任务实施

步　　骤	说明或截图
1. 启动 Pr 软件,在"项目"面板中导入三段视频素材,将其拖曳至 V1～V3 轨道,靠左对齐排列。	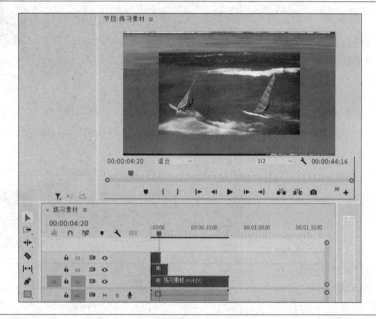
2. 将三个轨道上的视频素材依次缩进排列。选中 V1 轨道,在"效果控件"面板中创建 4 点多边形蒙版,在"蒙版路径"参数添加两个关键帧,设置成自下而上的运动。	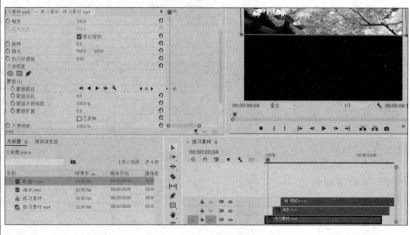

续表

步　　骤	说明或截图
3. 选中 V2 轨道,在"效果控件"面板中创建 4 点多边形蒙版,调整"蒙版羽化"项 的 值 为 118 左右。	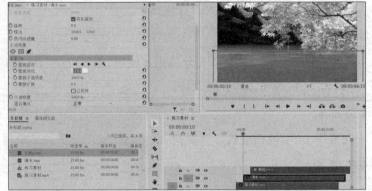
4. 继续选中 V2 轨道,在"效果控件"面板中的"蒙版路径"项添加两个关键帧,设置成自上而下的运动。	
5. 选中 V3 轨道,在"效果控件"面板中创建 4 点多边形蒙版,调整"蒙版羽化"的值为 55 左右。	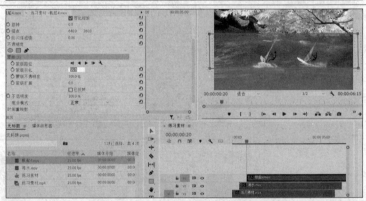
6. 在"效果控件"面板中的"蒙版路径"项添加两个关键帧,设置成自右向左的运动,这样三个视频素材边缘融合、同屏显示。	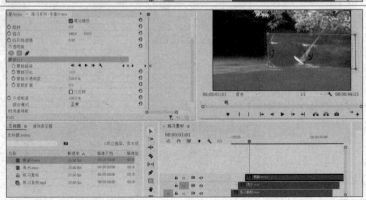

步　　骤	说明或截图
7. 继续选中 V3 轨道，展开"Lumetri 颜色"面板，在"基本校正"项调整色温、色彩和饱和度三项的数值，从而使三分屏画面显示的效果更加协调，完成蒙版分屏动效制作。	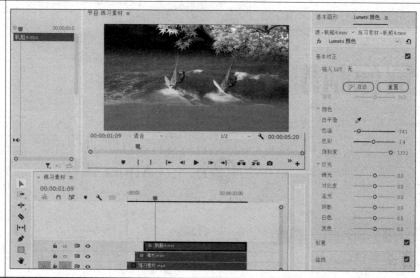

任务评价

1. 自我评价

☐ 创建 4 点多边形蒙版。

☐ 调整"蒙版羽化"。

☐ 调整"蒙版路径"。

☐ 制作"蒙版"动画。

☐ 创建除"矩形"外的其他形状蒙版。

☐ 了解"Lumetri 颜色"面板的组成。

☐ 在"Lumetri 颜色"面板中使用"基本校正"项进行调色。

2. 教师评价

工作页完成情况：☐ 优 ☐ 良 ☐ 合格 ☐ 不合格

模块 五

抠像制作

Alpha 调整

任务一 Alpha 调整

班级：_____ 姓名：_____ 日期：_____ 地点：_____ 学习领域：抠像

任务目标

1. 了解 Pr "效果"→"视频效果"→"键控"项的组成。
2. 学会在 Pr 中导出带 Alpha 通道的视频。
3. 掌握"Alpha 调整"抠像的操作方法。
4. 学会用模块化作业提高工作效率。

任务导入

抠像与特效制作是影视作品创作的重要手法，可以为视频创作拓展更多的想象空间。

任务准备

准备好高版本的 Pr 软件，对于低版本 Pr 要事先安装 QuickTime 播放器，否则 MOV 格式的视频文件将无法导入 Pr。

任务实施

步　骤	说明或截图
1. 在 Pr 中导入一段视频素材，将其拖曳至 V1 轨道，新建一个序列。在"效果控件"面板中创建椭圆形蒙版，调整"蒙版羽化"项参数。	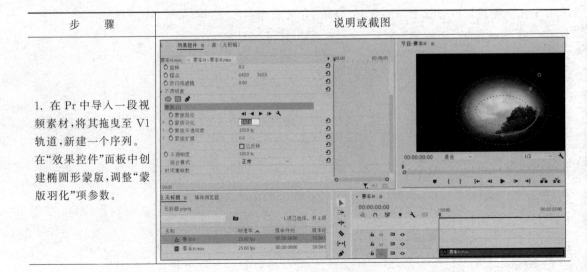

步　骤	说明或截图
2. 选中"时间轴"面板，按快捷键 Ctrl＋M 切换至"导出"面板，设置"格式"项为 QuickTime，准备导出带 Alpha 通道的视频文件。	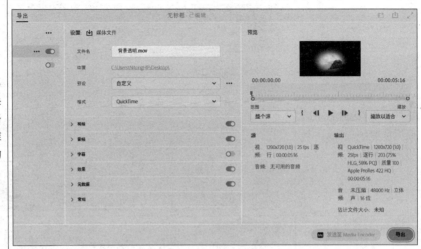
3. 单击"导出"面板中的"预设"→"更多预设"项，打开"预设管理器"对话框，选中 GoPro CineForm RGB 12-bit with alpha at Maximum Bit Depth，再单击"确定"按钮返回"导出"主界面，单击"导出"按钮，完成带 Alpha 通道的视频导出。	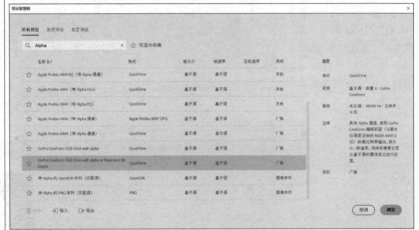
4. 将导出的带 Alpha 通道的视频文件重新导入"项目"面板中，将其拖曳至"新建项"按钮，创建一个新序列。 在 V1 轨道添加"Alpha 调整"效果。	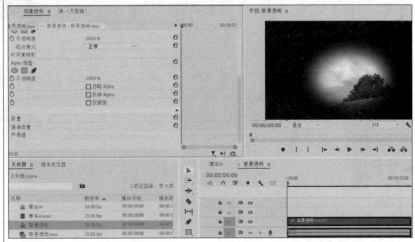

续表

步　　骤	说明或截图
5.在"效果控件"面板中,将"Alpha 调整"参数中的"忽略 Alpha"复选框选中,此时将忽略椭圆蒙版,完整显示视频素材区域。	
6.在"效果控件"面板中,将"Alpha 调整"参数中的"反转 Alpha"复选框选中,此时将显示椭圆蒙版之外的视频素材区域。	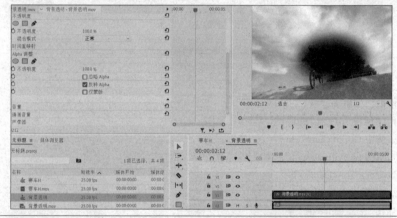
7.在"效果控件"面板中,将"Alpha 调整"参数中的"仅蒙版"复选框选中,此时将显示椭圆蒙版区域。	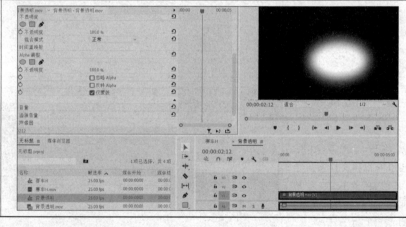

任务评价

1. 自我评价

□ Pr"键控"项的组成。

□ "蒙版"的创建与调整。

□ "导出"面板的自定义设置。

□ 打开"预设管理器"。

□ 掌握带 Alpha 通道的视频文件的导出方法。

□ 了解"Alpha 调整"的应用范围。

□ 掌握"Alpha 调整"项各个参数的使用方法。

2. 教师评价

工作页完成情况：□ 优 □ 良 □ 合格 □ 不合格

任务二 亮度键

班级：＿＿＿＿＿ 姓名：＿＿＿＿＿ 日期：＿＿＿＿＿ 地点：＿＿＿＿＿ 学习领域：抠像

亮度键

📖 任务目标

1. 理解"亮度键"抠像的原理。

2. 学会在 Pr 中用"亮度键"抠像的方法。

3. 利用轨道蒙版对"亮度键"初步抠像结果进行补偿。

4. 分清"亮度键"抠像的应用场合，提高作品的精细度。

🏃 任务导入

观察抖音等平台上作品的抠像或转场，分析其制作手法。

👁 任务准备

选择明暗度反差比较大的图片或视频素材。

🔧 任务实施

步　骤	说明或截图
1. 在 Pr 中导入两段视频素材，将其拖曳至 V1 和 V2 轨道，进行叠加排列。	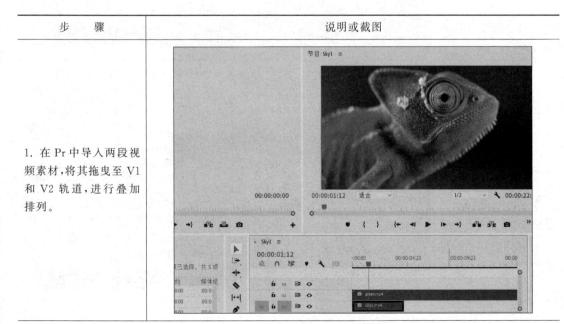

步　骤	说明或截图
2. 使用"比例拉伸工具"将 V2 轨道的时长设置成与 V1 轨道的相同。	
3. 选中 V2 轨道,添加"亮度键"效果,对素材背景进行初步抠除操作。	
4. 在"效果控件"面板中对"亮度键"效果的参数设置如下。 阈值:33 左右; 屏蔽度:25 左右; 抠取主体的轮廓。 注:"阈值"主要用来去除画面中亮的部分,"屏蔽度"则主要用来去除画面中暗的部分。	

步　骤	说明或截图
5. 复制 V2 轨道的内容至 V3 轨道，在"效果控件"面板中屏蔽掉"亮度键"效果。 在"不透明度"项使用"自由绘制贝塞尔曲线"工具绘制如右图所示的形状。	
6. 选中 V3 轨道的"蒙版路径"项，在"当前时间指示器"处单击"向后跟踪所选蒙版"按钮。	
7. 继续选中 V3 轨道的"蒙版路径"项，在"当前时间指示器"处单击"向前跟踪所选蒙版"按钮，从而实现两个轨道对象的同步运动。	

📽 任务评价

1. 自我评价

□ 理解"亮度键"效果的抠像原理。　　□ 使用"亮度键"效果进行抠像。

□ 在"亮度键"效果中建立自定义形状蒙版。　　□ 在"不透明度"效果中建立自定义形状蒙版。

□ 设置"亮度键"的抠像补偿效果。　　□ 设置 V2 和 V3 轨道的同步运动。

□ 复习之前的"亮度键"转场效果。

2. 教师评价

工作页完成情况：□ 优 □ 良 □ 合格 □ 不合格

任务三　超　级　键

班级：＿＿＿＿　姓名：＿＿＿＿　日期：＿＿＿＿　地点：＿＿＿＿　学习领域：抠像

超级键

🎯 任务目标

1. 学会在 Pr 中用"超级键"进行简单背景抠像。

2. 使用"超级键"进行复杂背景抠像。

3. 使用"湍流置换"制作文字动画。

4. 通过比较，认识"超级键"才是 Pr 中顶级的抠像工具。

➤ 任务导入

观察 B 站等平台上 Pr 影视作品的抠像特效，发现大多数采用的是"超级键"抠像技术。

👁 任务准备

选择两段待抠像的视频素材。

⚒ 任务实施

步　骤	说明或截图
1. 在 Pr 中导入两段视频素材，将其拖曳至 V1 和 V2 轨道，右端对齐。	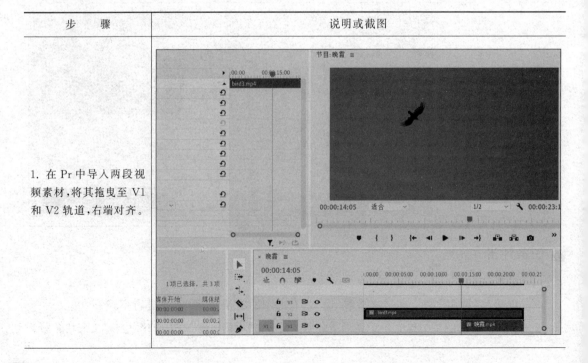

步　　骤	说明或截图
2. 将当前时间指示器定位在 V1 轨道的开头,选中 V2 轨道,按快捷键 Ctrl＋K 进行分割,再按快捷键 Shift＋Del 进行"波纹删除"操作。	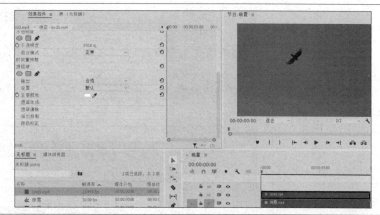
3. 选中 V2 轨道,添加"超级键"效果;在"效果控件"面板中使用"超级键"→"主要颜色"项的"吸管"工具单击背景,完成初步抠像效果。	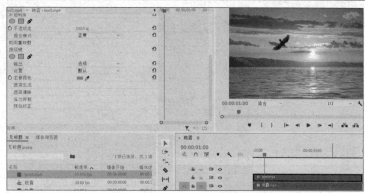
4. 在"效果控件"面板中将"超级键"→"输出"项设置为"Alpha 通道",可见抠像的结果并不精细。	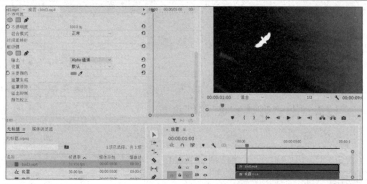
5. 展开"超级键"→"遮罩生成"项,设置参数如下。透明度:91 左右;高光:1.0 左右;阴影:54 左右;容差:50 左右;基值:85 左右。	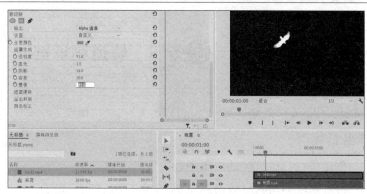

步　骤	说明或截图
6. 在"效果控件"面板中将"超级键"→"输出"项设置为"合成",可见抠像结果比较精细。	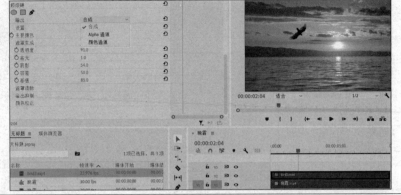
7. 使用"文字工具"输入文本,再添加"湍流置换"效果。 在"效果控件"面板中对"湍流置换"效果设置参数如下。 数量:20; 大小:0～40～0。 完成"超级键"抠像的最终效果制作。	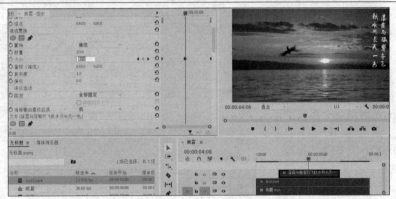

■ 任务评价

1. 自我评价

□ 波纹删除。　　　　　　　　　　□ "超级键"→"主要颜色"。

□ "超级键"→"输出"→"合成"。　　□ "超级键"→"输出"→"Alpha 通道"。

□ "超级键"→"遮罩生成"属性设置。□ "超级键"其他属性设置。

□ 文本"湍流置换"动画。

2. 教师评价

工作页完成情况:□ 优 □ 良 □ 合格 □ 不合格

任务四　轨道遮罩键

班级:_____ 姓名:_____ 日期:_____ 地点:_____ 学习领域:抠像

■ 任务目标

1. 创建"轨道遮罩键"的应用场合。

2. 理解水墨动画素材的遮罩原理。

轨道遮罩键

3．学会在 Pr 中用"轨道遮罩键"设置转场。

4．分清"Alpha 遮罩"与"亮度遮罩"的区别，做出有品位的影视作品。

任务导入

观察抖音等平台上作品的水墨转场等效果，分析其制作手法。

任务准备

选用易于分段的视频素材。

任务实施

步　骤	说明或截图
1．在 Pr 中导入一段视频素材，将素材拖曳至 V1 轨道，新建一个序列。 右击，在弹出的快捷菜单中执行"场景编辑检测"菜单命令，打开相应的对话框，再单击"分析"按钮。	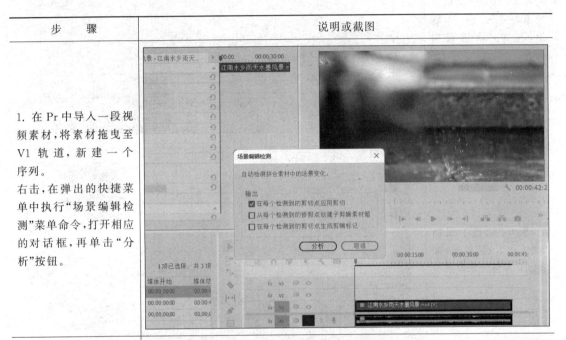
2．在视频素材自动分割之后，保留并选中其中的两段，右击，在弹出的快捷菜单中执行"取消链接"菜单命令。	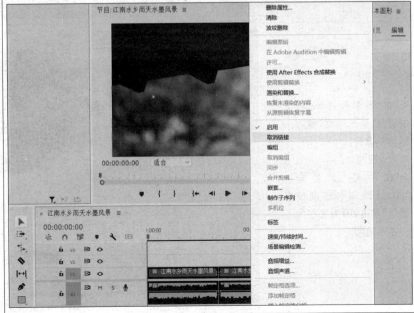

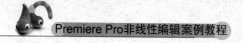
续表

步　　骤	说明或截图
3. 将一段水墨动画素材拖曳至 V3 轨道,与 V1 轨道尾端对齐。 再将 V1 轨道上的第二段素材拖曳至 V2 轨道,与 V3 轨道首端对齐。	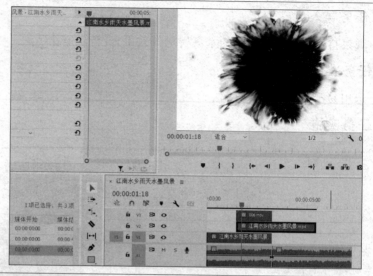
4. 在 V2 轨道上添加"轨道遮罩键"效果,准备制作水墨转场效果。	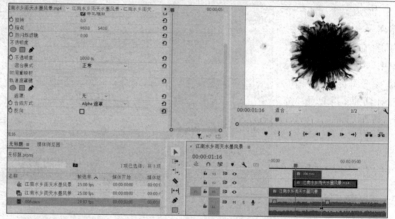
5. 在"效果控件"面板中对"轨道遮罩键"参数做如下设置。 遮罩:视频 2; 合成方式:此处选"Alpha 遮罩"或"亮度遮罩"均可,因为文字为白色不透明。	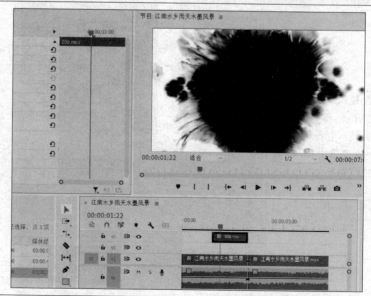

步　骤	说明或截图
6. 在"效果控件"面板中对"轨道遮罩键"效果参数设置如下。 遮罩：视频3(V3轨道)； 合成方式：亮度遮罩。	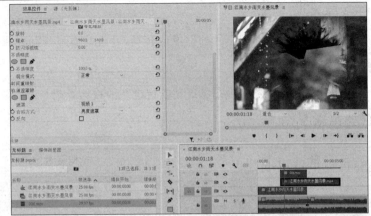
7. 在步骤6的基础上，再将"轨道遮罩键"→"反向"项选中。 最后将所有轨道的尾部切齐，完成水墨转场的动效制作。	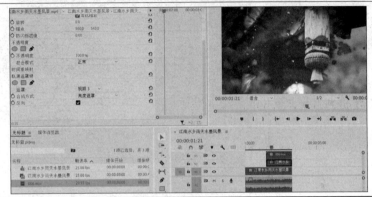

✂ 任务评价

1. 自我评价

□ 复习素材的自动分割。　　　　　　　□ 复习音视频素材分离。

□ 理解水墨动画素材的遮罩原理。　　　□ 理解水墨转场动画的轨道排列。

□ "轨道遮罩键"效果的应用场合。　　　□ 理解"亮度遮罩"与"Alpha遮罩"的区别。

□ 探索"轨道遮罩键"与"黑白"效果的配合抠像。

2. 教师评价

工作页完成情况：□ 优　□ 良　□ 合格　□ 不合格

任务五　颜　色　键

班级：_____　姓名：_____　日期：_____　地点：_____　学习领域：抠像

☞ 任务目标

1. 使用"Lumetri颜色"调光、调色。

2. 分清"颜色键"效果抠像的应用场合。

颜色键

3.掌握"颜色键"效果对抠取对象的边缘处理技巧。

4.拓展"颜色键"效果的应用领域,尝试将其应用于"转场"。

任务导入

观察 B 站等平台上 Pr 作品的抠像或转场,分析并学习其制作手法。

任务准备

选择可用于"颜色键"抠像、背景颜色较统一的视频素材。

任务实施

步　　骤	说明或截图
1. 在 Pr 中导入两段视频素材,再将其拖曳至 V1 和 V2 轨道,叠加排列。	
2. 选中 V2 轨道上的素材,打开"Lumetri 颜色"面板,调整"基本校正"→"灯光"→"曝光"参数,将画面适当高亮,以方便后面的抠像。	

步　　骤	说明或截图
3. 保持 V2 轨道选中状态，添加"颜色键"效果。	
4. 在"效果控件"面板中，对"颜色键"效果绘制如右图所示的蒙版，准备对这一区域进行抠像。	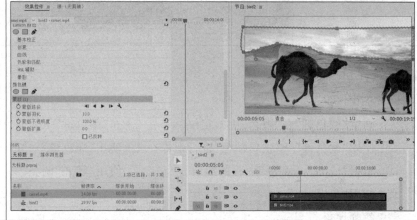
5. 在"效果控件"面板中，使用"颜色键"→"主要颜色"项之后的"吸管"单击天空部分，然后再调整"颜色键"→"颜色容差"参数数值为148 左右，完成对天空的抠像。	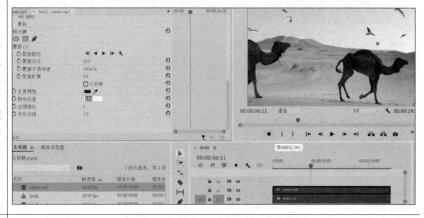
6. 新建一个调整图层，准备进行画面的统一色彩调整。	

步　　骤	说明或截图
7. 将调整图层拖曳至V3 轨道，再打开"Lumetri 颜色"面板，调整"基本校正"→"色温"参数值为 56 左右，完成"颜色键"抠像的最终效果制作。	

任务评价

1. 自我评价

□ 确定"颜色键"在"效果"中的定位。　　□ 在"颜色键"下建立自定义形状蒙版。

□ 使用"颜色键"→"主要颜色"进行抠像。　　□ 使用"颜色键"→"颜色容差"进行抠像。

□ 掌握"Lumetri 颜色"面板的组成。　　□ 使用"曝光"调亮。

□ 使用"色温"调色。

2. 教师评价

工作页完成情况：□ 优 □ 良 □ 合格 □ 不合格

模块六

外部插件

任务一　认识 Pr 插件

班级：＿＿＿＿＿姓名：＿＿＿＿＿日期：＿＿＿＿＿地点：＿＿＿＿＿学习领域：Pr 插件

认识 Pr
插件

📖 任务目标

1. 了解 Pr 常见的插件。

2. 熟练从 Pr 窗口中找到需要的插件。

3. 掌握插件安装与卸载的方法。

4. 要有知识产权、版权保护意识，明白插件仅限教学使用。

🐎 任务导入

随着网络视频软件和插件的推陈出新，各种动感炫酷的视频如雨后春笋般涌现。如果创作者想要制作"美颜"或者电影质感的视频，则 Pr 自带的滤镜工具效果欠佳，那有没有完美的解决方案呢？答案是肯定的。本任务我们一起感受一下 Pr 外部插件的魅力吧。

👁 任务准备

搜集并下载能在 Pr 2023 上正常运行的插件。

🛠 任务实施

步　骤	说明或截图
1. 启动 Pr 软件并新建一个序列。 切换至"效果"面板，快捷键为 Shift＋7，此处可看见已安装的外部插件。	文件(F) 编辑(E) 剪辑(C) 序列(S) 标记(M) 图形和标题(G) 视图(V) 窗口(W) 🏠 导入　编辑　导出 源:(无剪辑)　效果 ≡　效果控件 🔍 > 🗀 预设 > 🗀 Lumetri 预设 > 🗀 音频效果 > 🗀 音频过渡 ⌄ 🗀 视频效果 > 🗀 BCC 3D 物体 > 🗀 BCC VR > 🗀 BCC 三维空间 > 🗀 BCC 图像修复 > 🗀 BCC 弯曲 > 🗀 BCC 抠像和合成 > 🗀 BCC 旧版插件 > 🗀 BCC 时间 > 🗀 BCC 模糊 > 🗀 BCC 灯光

步　　骤	说明或截图
2. Pr 有近万种不同的插件和预设,可以满足创作者的不同需求。涉及声音效果、声音转场、视频效果、视频转场、字幕效果等。 Pr 插件可以从专业的后期网站下载,也可以购买定制好的插件集合。 温馨提示:本书示范仅限于交流学习,如有商业用途,请购买相应插件的版权。	
3. 下面以 Magic Bullet Suite 为例进行 Pr 插件的安装示范。 双击 Magic Bullet Suite 16.1.0 Installer 应用程序,开启软件的安装。	
4. 双击 Maxon_ App_ 3.1.1_ Win 应用程序,弹出提示框,单击"是"按钮。	

步　　骤	说明或截图
5. 单击 Install 按钮进行安装。	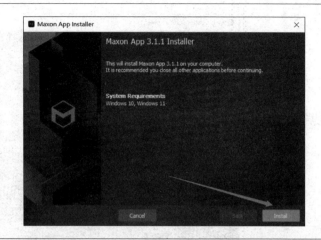
6. MAXON 安装完成，单击 Close 按钮关闭对话框。	
7. 继续安装主插件 Magic Bullet Suite Installer 应用程序。 单击右下角的 Install 按钮。	

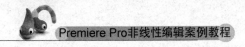

步　　骤	说明或截图
8. 安装完后单击 Close 按钮。	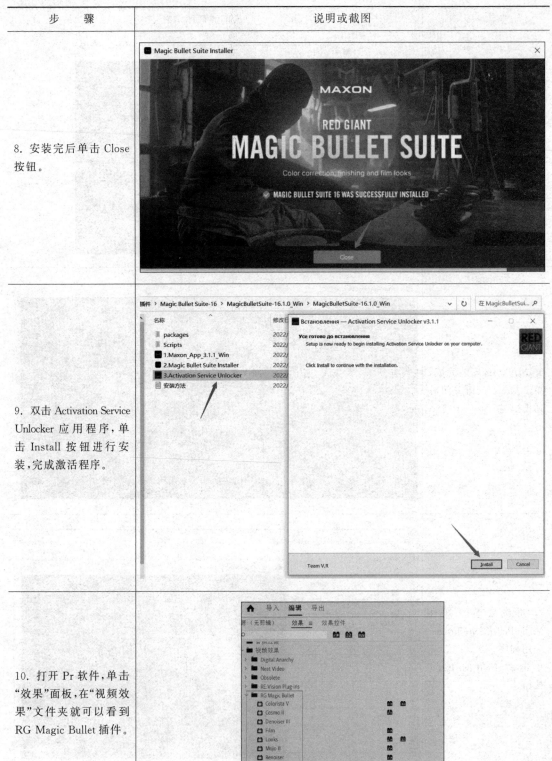
9. 双击 Activation Service Unlocker 应用程序，单击 Install 按钮进行安装，完成激活程序。	
10. 打开 Pr 软件，单击"效果"面板，在"视频效果"文件夹就可以看到 RG Magic Bullet 插件。	

步　　骤	说明或截图
11. 关闭 Pr 软件，双击汉化包程序文件夹。	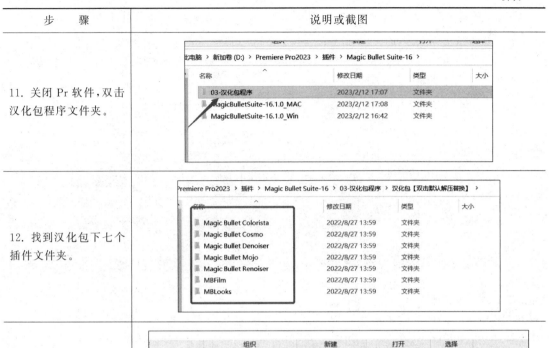
12. 找到汉化包下七个插件文件夹。	
13. 将以上七个文件夹复制到原插件安装目录下的文件夹，进行覆盖替换，即可完成插件汉化。	

续表

步　骤	说明或截图

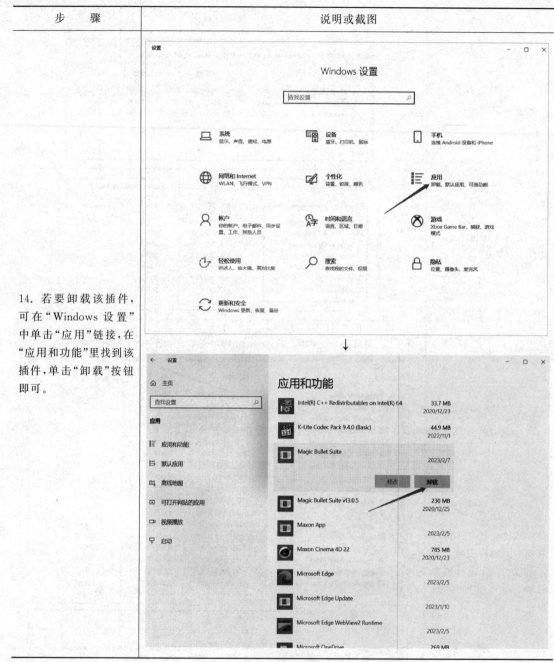

14. 若要卸载该插件，可在"Windows 设置"中单击"应用"链接，在"应用和功能"里找到该插件，单击"卸载"按钮即可。

任务评价

1. 自我评价

☐ Pr 插件在 Pr 中的位置。　　☐ 不同插件的应用领域。

☐ Pr 插件的选择性安装。　　☐ Pr 插件的卸载。

2. 教师评价

工作页完成情况：☐ 优 ☐ 良 ☐ 合格 ☐ 不合格

任务二　调　色

班级：_____　姓名：_____　日期：_____　地点：_____　学习领域：Pr 插件

任务目标

1. 了解 Magic Bulle Suite 调色套装的系列插件。

2. 熟悉 Magic Bulle Suite 插件套装下不同子插件的名称和用途。

3. 熟练对 Colorista 控件的参数进行调节的方法。

4. 能用 Colorista 调出不同风格的画面。

调色

任务导入

Magic Bulle Suite 是"红巨人"推出的一款功能强大的调色插件套装，可以无缝对接 After Effects、Premiere Pro 等软件。该插件可以在官网或者后期制作网站下载，目前最高版本号为 16，安装后要进行激活才能使用。

任务准备

搜索并下载 Magic Bulle Suite 插件套装。

任务实施

步　骤	说明或截图
1. 启动 Pr 软件并新建一个序列。 切换至"效果"面板，展开"视频效果"文件夹。	文件(F) 编辑(E) 剪辑(C) 序列(S) 标记(M) 图形和标题(G) 视图(V) 窗口(W) 🏠　导入　**编辑**　导出 源：(无剪辑)　效果 ≡　效果控件 🔍 〉📦 预设 〉📦 Lumetri 预设 〉📁 音频效果 〉📁 音频过渡 〉📁 视频效果 〉📁 BCC 3D物体 〉📁 BCC VR 〉📁 BCC 三维空间 〉📁 BCC 图像修复 〉📁 BCC 弯曲 〉📁 BCC 抠像和合成 〉📁 BCC 旧版插件 〉📁 BCC 时间 〉📁 BCC 模糊 〉📁 BCC 灯光 〉📁 BCC 电影风格 〉📁 BCC 简单跟踪 〉📁 BCC 粒子特效

步　骤	说明或截图
2. RG Magic Bullet 是"红巨人"出品的调色套装。包含七个插件,分别是: Colorista V(调色师插件); Cosmo Ⅱ(润肤磨皮插件); Deniser Ⅲ(视频降噪插件); Film(电影质感调色); Looks(调色插件); Mojo Ⅱ(快速调色插件); Renoiser(噪波颗粒插件)。	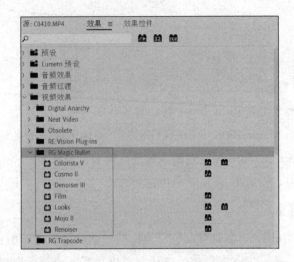
3. 打开"效果"面板,将 Colorista V 效果拖曳至 V1 轨道的素材之上。	
4. Colorista V 效果包括调色混合强度、色彩处理、色彩校正、色相和饱和度、结构和照明、色调曲线等参数项。	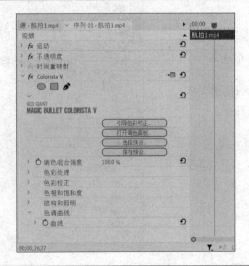

步　　骤	说明或截图
5. 在"效果控件"面板中单击 Colorista V 效果的"色彩校正帮助索引"按钮,开启四种调色模式,可以根据素材自行选择一种,此处我们选择第二种模式(Flat Video),然后单击后面的箭头符号,进入下一步。	↓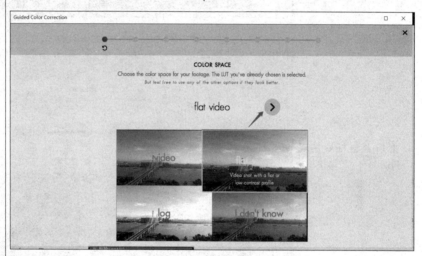
6. "色阶"的调整,先调整"黑阶",在黑阶轴上有一个拉杆,可调节黑阶的参考值。将灰色的圆圈移动到与竖线重合或接近的位置就调好了。	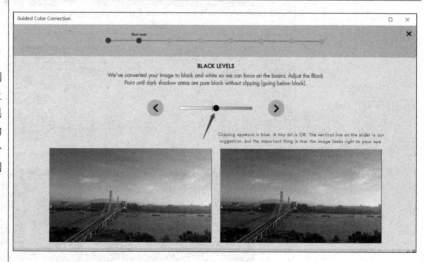

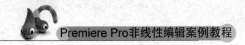

步　　骤	说明或截图
7. 再用同样的方法对"白阶"进行调整。	
8. 色阶调整好后发现中间调部分有"溢出"。	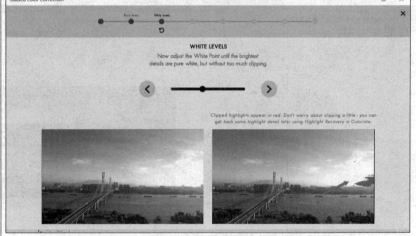
9. "中间调"的调整,目的是让"波形图"重合。	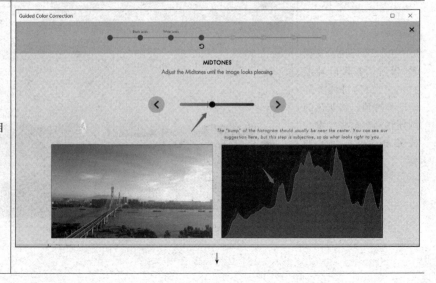

步　骤	说明或截图
9. "中间调"的调整,目的是让"波形图"重合。	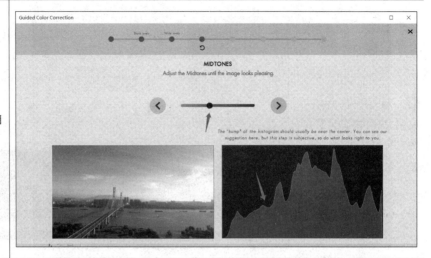
10. "对比度"的调整,可继续使用拉杆调整。如果觉得调整效果不理想,可以单击上方的"刷新"按钮,进行"复位"。	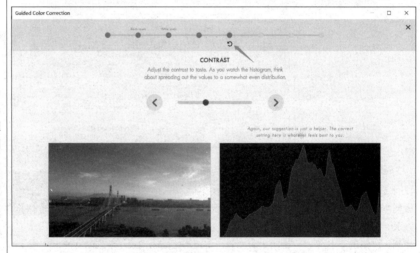
11. "饱和度"的调整方法同"对比度"的调整方法,预览效果如右图所示。	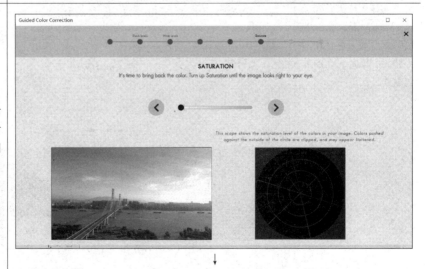

续表

步　　骤	说明或截图
11. "饱和度"的调整方法同"对比度"的调整方法，预览效果如右图所示。	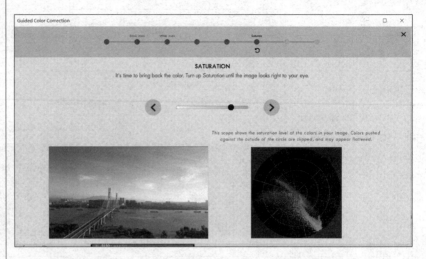
12. "白平衡"的调整方法同"对比度"的调整方法。 注意：右侧的下拉箭头可以选择灰度系数和肤色，本例是空镜，默认为第一项。如果画面中有人物，可以选下方的肤色模式。	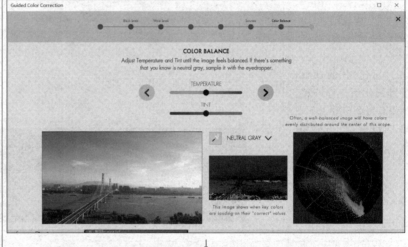 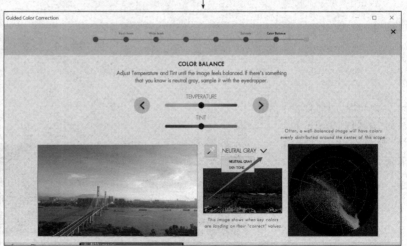

步　骤	说明或截图
13. 所有参数调整完毕,可以看到调整前后的对比。 单击 FINSHED 按钮,完成最终的"调色"。	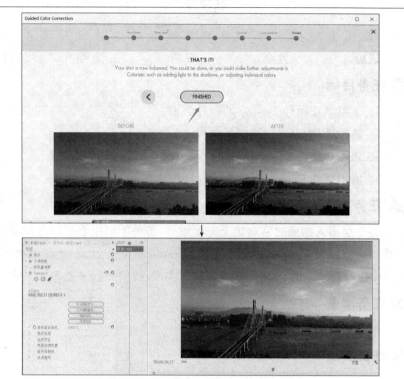
14. 使用 Colorista V 效果还可以对调色混合强度、色彩处理、色彩校正、色相和饱和度、结构和照明、色调曲线等参数项进行调整,有兴趣的创作者可以尝试使用。	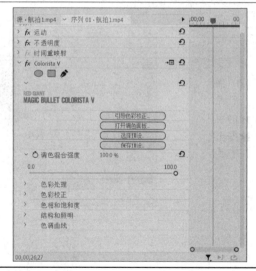

📽 任务评价

1. 自我评价

□ Colorista V 插件的面板组成。　　　□ Colorista V 插件里各种参数的调整。

□ "引导色彩校正"的使用。　　　　　□ 尝试调整 Colorista V 的 RGB 曲线等。

2. 教师评价

工作页完成情况：□ 优 □ 良 □ 合格 □ 不合格

磨皮

任务三　磨皮（润肤）

班级：_____ 姓名：_____ 日期：_____ 地点：_____ 学习领域：Pr 插件

任务目标

1. 了解磨皮插件 Cosmo 的控件面板。

2. 熟悉插件 Cosmo 的相关参数。

3. 熟练对插件 Cosmo 的控件参数进行调节。

4. 能用插件 Cosmo 对皮肤素材进行修正。

任务导入

当下很多人拍照时喜欢加上美颜效果，各种手机也有拍照自动美颜的功能，那么对视频可以添加美颜功能吗？答案是肯定的，Premiere Pro 2023 支持视频美颜功能，用 RG Magic Bullet 插件套装里的 CosmoⅡ插件就能实现，我们一起来熟悉一下吧。

任务准备

准备好待美颜的图片或视频素材。

任务实施

步　骤	说明或截图
1. 启动 Pr 软件，在"项目"面板中导入一段无版权和肖像权争议的视频素材，再将其拖曳至 V1 轨道。	
2. 展开"效果"面板，在 V1 轨道添加 CosmoⅡ 效果。	

步 骤	说明或截图
3. 展开"效果控件"面板,可见 Cosmo II 插件的主要组成有蒙版、皮肤选择、皮肤平滑、皮肤颜色和强度等参数项。	
4. 展开"皮肤选择"项,使用"皮肤样本"处的"吸管"在皮肤上单击,选定要调整的颜色。	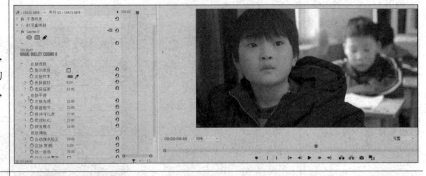
5. 勾选"显示选择"复选框,在预览窗口可见灰色部分是未选取的颜色。	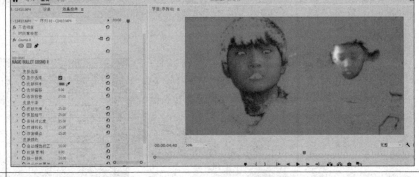
6. 调整"选择偏移"和"选择容差"的数值,选区会发生变化。	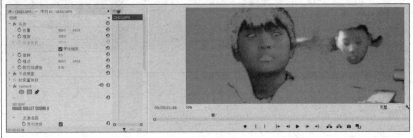

步　骤	说明或截图
	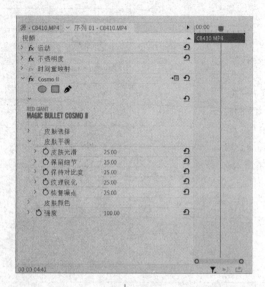

7. 展开"皮肤平滑"项，可见其主要组成有光滑皮肤、保留细节、保持对比度、纹理锐化和恢复噪点等参数。

将"光滑皮肤"的数值调整为 0~100，两者的差别还是比较明显的。

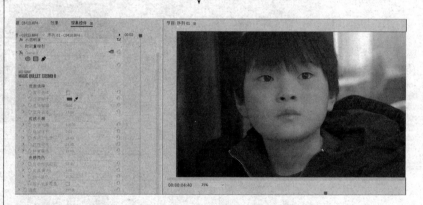

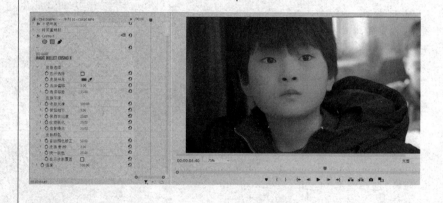

步　骤	说明或截图
8. 对保留细节、保持对比度、纹理锐化、恢复噪点等参数均可进行调节。	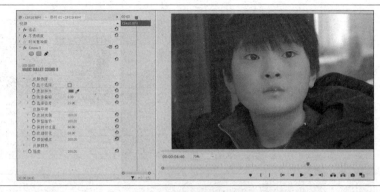
9. 展开"肤色"项，可见其主要组成有自动颜色校正、皮肤黄色、统一肤色和显示皮肤选区等参数。 可以自行调整数值，从而看到"肤色"的变化细节； 勾选"显示皮肤选区"复选框，则会把皮肤样本选择的区域添加网格进行显示。	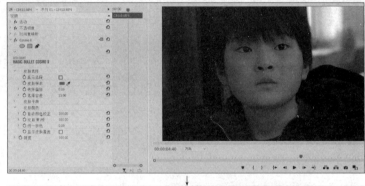 ↓ 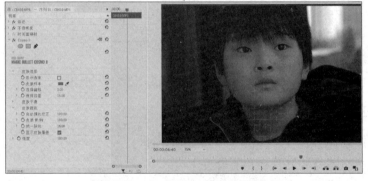
10. 展开"强度"项可对其数值从 0~100 进行调整，通过"预览图"可见皮肤细腻度呈现明显变化。	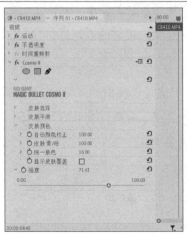

续表

步　　骤	说明或截图
11.最后切换到"对比视图"模式,可以看到调整前后的效果差别。	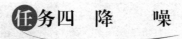

🎬 **任务评价**

1. 自我评价

□ 熟悉磨皮插件面板的组成。　　□ 了解磨皮控件里各种参数的调节。

□ "皮肤光滑"调整。　　□ "肤色"调整。

2. 教师评价

工作页完成情况：□ 优 □ 良 □ 合格 □ 不合格

任务四　降　　噪

班级：_____　姓名：_____　日期：_____　地点：_____　学习领域：Pr插件

降噪

📖 **任务目标**

1. 了解降噪(Denoiser)插件的功能面板。

2. 熟悉降噪插件的相关参数。

3. 熟练掌握降噪插件参数的调节方法。

4. 能用降噪插件对噪点较多的素材进行修复。

🔧 **任务导入**

当在较暗的光线下或是夜晚拍摄素材时,画面通常会产生较多的暗色颗粒,这种颗粒称为噪点。Pr 的 Magic Bulle Suite 插件套装有一款专门降低噪点的插件 Denoiser,下面我们一起来见证这款插件的"奇迹"吧。

👁 **任务准备**

搜集待降噪的图片或视频素材。

✖ 任务实施

步　　骤	说明或截图
1. 启动 Pr 软件,在"项目"面板中导入一段无版权争议的视频素材,再将其拖曳至 V1 轨道。	
2. 将"节目"面板的显示比例调到 50%,可以看见素材上有明显的噪点。	
3. 展开"效果"面板,可见到 RG Magic Bullet 插件下的降噪插件 Denoiser Ⅲ。	
4. 将 Denoiser Ⅲ 效果拖曳至 V1 轨道的素材之上,在"效果控件"面板中可对其参数进行调整。	

续表

步　骤	说明或截图
5. Denoiser Ⅲ效果主要组成是降噪、锐化两项，"降噪"项包括减少杂色、颜色平滑和保留细节等参数；"锐化"项则包括数量、半径两项参数。	
6. 调整"降噪"→"减少杂色"参数自0至100，画面的颗粒感明显降低。	
7. 调整"降噪"→"颜色平滑"参数自0至100；调整"降噪"→"保留细节"参数自0至100，画面的颗粒感明显升高。	
8. "锐化"→"数量"的数值越大，颗粒感越明显。	
9. "锐化"→"半径"的数值范围为0.5～3，默认值为1，可以根据画面自行调整。	

任务评价

1. 自我评价

□ 插件 Denoiser Ⅲ 面板的组成。　　□ 插件 Denoiser Ⅲ 参数的调整。

□ "降噪"项参数的调整。　　□ "锐化"项参数的调整。

2. 教师评价

工作页完成情况：□ 优 □ 良 □ 合格 □ 不合格

任务五　运 动 模 糊

班级：_____　姓名：_____　日期：_____　地点：_____　学习领域：Pr 插件

运动模糊

任务目标

1. 了解运动模糊（RSMB）插件的不同版本。

2. 熟悉运动模糊插件面板的组成。

3. 掌握运动模糊插件参数的调整方法。

4. 能用运动模糊插件做出运动模糊效果。

任务导入

动态模糊或运动模糊是快速移动物体带来明显的视觉拖动痕迹。RSMB（real smart motion blur）意即"真实智能运动模糊"。可以用它在静态帧图片或动态视频中产生这种模糊效果。适用于第一视角的穿梭镜头、航拍跟随、跟随运镜、游戏场景和推进转场。

任务准备

搜集用于制作运动模糊的视频素材。

任务实施

步　骤	说明或截图
1. 启动 Pr 软件，在"项目"面板中导入一段无版权争议的视频素材，再将其拖曳至 V1 轨道。	
2. 展开"效果"面板，单击 RE：Vision Plug-ins 文件夹。	

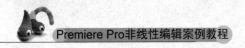

步　　骤	说明或截图
3. 在"效果"面板的查询窗口中输入 rsmb,直接检索到三个版本的运动模糊插件,分别是运动模糊(RSMB)、专业运动模糊(RSMB Pro)、专业矢量运动模糊(RSMB Pro Vectors)。	
4. 在 V1 轨道上添加 RSMB 效果,切换至"效果控件"面板,可对 RSMB 的"模糊强度"和"运动灵敏度"两个参数进行调整。	 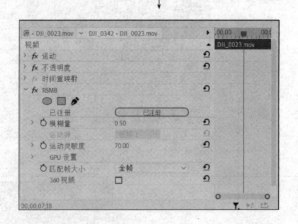

步　骤	说明或截图
5."模糊强度"的取值范围是 0.5～2,模糊程度随着数值的增大而增大。	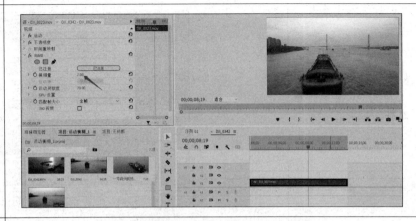
6."运动灵敏度"的取值范围是 70～100,可根据需要进行调节。	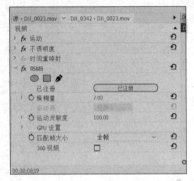
7. 可以对"模糊强度"或者"运动灵敏度"添加关键帧,形成运动模糊动效。 当插件加载后进行预览时,发现很卡,表现在时间线标尺变成红色。此时可将"使用 GPU"选为"开",开启硬件加速功能,从而实现渲染加速。	 ↓ 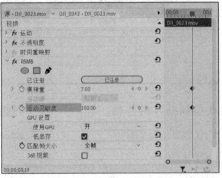

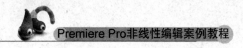
续表

步 骤	说明或截图
8. 此外，RSMB插件还支持"360视频"光跟踪。	
9. 使用 RSMB Pro 效果可以进行跟踪设置，适合专业创作者使用。	
10. RSMB Pro Vectors 效果可以进行 X 和 Y 轴的矢量缩放，所选图层与素材对应的轨道要一致。	

▣ 任务评价

1. 自我评价

☐ 了解运动模糊插件的作用。　　☐ 熟悉运动模糊插件的种类及参数的调节。

☐ RSMB Pro 效果的运用。　　☐ RSMB Pro Vectors 效果的运用。

2. 教师评价

工作页完成情况：☐ 优　☐ 良　☐ 合格　☐ 不合格

任务六　转　场

班级：＿＿＿＿＿　姓名：＿＿＿＿＿　日期：＿＿＿＿＿　地点：＿＿＿＿＿　学习领域：Pr 插件

转场

📖 任务目标

1. 了解 Pr 视频转场的常用插件。
2. 熟悉不同转场插件的应用范围。
3. 掌握插件的切换与删除方法。
4. 对比 Pr 内置转场与插件转场的异同。

任务导入

随着短视频产业的兴起，Pr 内置的转场效果已不能满足创作者的需求，数千种外部视频转场效果应运而生，极大地丰富了影视作品的创作空间。

👁 任务准备

搜集用于制作转场的若干图片和视频素材。

🛠 任务实施

步　　骤	说明或截图
1. 启动 Pr 软件，在"项目"面板中导入三段视频素材，再将其拖曳至 V1 轨道顺序排列。	
2. 在"效果"面板的"视频过渡"文件夹，内置、外部转场效果都集中于此。	

续表

步　　骤	说明或截图
3. 选中一个外部转场效果（BCC 快速胶片辉光转场），将其拖曳至 1 和 2 两段素材结合处。	
4. 右击时间线上的转场插件，可设置过渡持续时间；也可使用鼠标拖动时间线上的转场插件，进行转场时间设置。	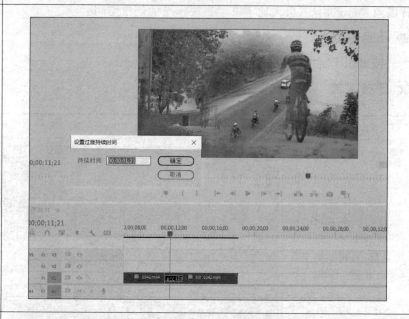
5. 将另一个外部转场效果"BBC 扭转"拖曳至 2 和 3 两段素材结合处，形成扭转转场。	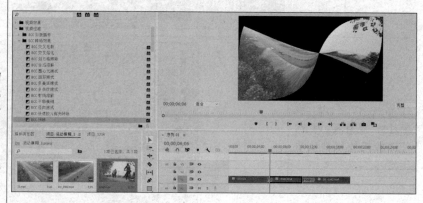

步　骤	说明或截图
6. 在时间线上选中该转场效果，按 Del 键可以删除添加的转场效果。	
7. 在时间线上选中效果插件，在对应的"效果控件"面板中显示相应的效果插件参数设置。	

■ 任务评价

1. 自我评价

□ 转场插件在 Pr 中的位置及作用。　　　□ 外部转场插件的安装与调用。

□ "BCC 快速胶片辉光转场"转场效果的运用。□ "BBC 扭转"转场效果的运用。

2. 教师评价

工作页完成情况：□ 优 □ 良 □ 合格 □ 不合格

参 考 文 献

[1] 敬伟. Premiere Pro 2022 从入门到精通[M]. 北京：清华大学出版社，2022.

[2] 陈芳，倪彤. 用微课学 · Premiere Pro 案例教程[M]. 北京：电子工业出版社，2022.

[3] 谭俊杰. Premiere Pro CC 完全自学一本通[M]. 北京：电子工业出版社，2019.

[4] 唯美世界，曹茂鹏. Premiere Pro 2020 完全案例教程[M]. 北京：中国水利水电出版社，2020.